◆ 林河洲　著 ◆

序文

繼「皮革鞣製工藝學」後，再完成這本「皮革塗飾工藝學」的編寫時，心裡有無限的感慨，希望這兩本花了我四年才陸續完成的有關皮革鞣製及塗飾工藝的書籍能對皮革工藝有些許的幫助，這樣才不致辜負約四十年來一直呵護、鼓勵及幫助我的皮革界前輩及朋友們。

我誠懇的祈望各位前輩及皮革界的工程師們，能來電糾正這兩本書內所述及的錯誤，和本人在觀念及經驗中所闡釋的缺點，如此才能使這兩本書能更符合皮革界的需要，使它成為一套真正適用的參考書。

聯絡方式：

電子信箱：billylin0316@yahoo.com.tw

電話（家）：886-2-27627596

傳真：886-2-27604084

手機：886-933942735

推薦序

拜讀林河洲老師的「皮革鞣製工藝學」和「皮革塗飾工藝學」讓我些感觸；以前我輩學習皮革工藝時，主要的學習知識來源，除了一些本書所提到參考文獻的書籍外，其他的主要是化料供應商提供的一些技術文件和化料說明書，再加上一些老師傅的經驗傳承和指導，因此常都處於知其然而不一定知其所以然的階段；但今日的台灣皮革業，已經發展到立足於世界舞台的競爭階段，因此一些皮革工業的技術工作者，都企盼林河洲老師能將其畢生的經驗，編寫成專業書籍，讓後輩的年輕學子能夠有較容易的學習方式，並能應用於工作之中。當林河洲老師囑咐我寫篇序文時，我真的覺得受寵若驚，不過我還是希望林河洲老師，能再撥出時間，將防水皮和油蠟皮等工藝學加入其著作當中，讓我輩能夠更容易突破當前的挑戰。

「皮革鞣製工藝學」和「皮革塗飾工藝學」在臺灣皮革業界的實務上是屬於不同主導者的領域，但實際上卻是前後相互有關聯影響的；但是不同主導者之間，對於相互的領域卻經常存在著認知的落差；林河洲老師這兩本著作，將會是幫助不同領域的主導者之間，對於相互的不同領域，有著正確的共同認知的最佳專業書籍之一。我經常說：一個專業的高級皮革技術工作者，如果只懂一部分，卻對於其他的部分缺乏一般的基本認知，就等於一個人只用一隻腳走路，當然會事倍功半；今日在極度的競爭環境下，客人的要求是皮廠必需在第一時間，就做對的工作，客人不一定會給你第二次的機會；我僅以此當作目標，希望大家共勉之。

中楠企業股份有限公司

總經理 胡崇賢

Contents

Contents

第 1 章
塗飾的意義和目的

皮革為什麼需要塗飾？塗飾的定義可以解釋為「處理革的表面，美化革的外觀，給與革具有特殊的特性」。

皮是天然的產品，雖經一連串的鞣製、中和、加脂和染色等複雜的過程後才能成為不會腐爛，具有各種特別需求的染色或沒染色的胚革，但因天然的割傷或擦傷痕，往往破壞革粒面的自然美，所以需要採取其他的工序，進行掩飾粒面的缺陷，使粒面形成平滑、均勻、手感悅人等特性，更能達到適合各種產品的特殊要求，這個工序稱為塗飾工序。塗飾工序的工藝是將多樣的顏料、染料水黏合劑或樹脂、蠟劑、油脂劑等等混合後使用於胚革上，其中化料和助劑相互間的配合組成及如何使用，必須依據最後產品的要求來做決定。塗飾工藝不只僅是就色彩、光澤度、手感、抗水、抗溶劑、抗熱，耐曲折、耐磨擦等等而論，尚需考慮到最後革面外觀的均勻度，尤其是較高級的革面，如小牛皮、小山羊革等，因革面有自然、均勻的外觀，特殊的美感及價值感，這些都是合成皮（如塑膠皮Plastic leather聚氨酯皮P.U leather等）或其他用以代替天然革等材料所不能比擬的，特別是經拋光（Polishing）或打光（Glazing）處理過的革面。皮革的塗飾工藝可以說是藝術、物理及化學等三方面工藝的結合：

一、「藝術」方面

如何能將革面美化成各種不同的外觀，而且具有溫馨的手感及能保持革原來的面貌和特性，能取悅於消費者，但是需要化料及機械方面來配合。

二、「化料」方面

需要考慮到所選用的化料彼此之間的相容性及和革的黏著性，更需考慮革製品所要求的各種堅牢度，例如鞋面革的要求有抗熱性、耐磨耗、耐曲折……等等，沙發革的乾濕摩擦……等。

三、「機械」方面

輔助工藝中的各種要求，例如磨皮，藉以去除粒面的傷痕或缺陷或……，油壓機的熱壓平或壓花紋，拋光機的增加光澤性及粒面的平坦和光滑性，噴漿機使塗飾劑能均勻地分佈於革面上及熱滾燙機的熱燙光等等。

因為革製品的種類繁多，要求外觀的美感，手感及堅牢度不盡相同，所以塗飾的工藝必需和革製品的工廠配合，這也是為什麼參考書藉方面不能闡述塗飾工藝，只能作簡述或建議性的原因，套句話說「只能意會，不能言傳」。

革經過塗飾工藝後，能增加及改善革的品質，故塗飾的效果約如下所述：

1. 使皮或每張皮之間，或每捆皮之間的革面不只色彩均勻，而且色調一致。
2. 可以改變皮胚的顏色及使胚革（未染色）著色至所要求的色調。
3. 能控製革面的消光度（matt）及光澤度（gloss）。
4. 可經由無色或有色的透明膜使革的外觀更自然。
5. 使用不透明的膜，藉以遮蓋革面具有缺點的痕跡。
6. 改變剖層革（榔皮splist）或肉面層的表面。
7. 提高革面的摩擦性，碰擦傷性（scuff），或抗水性，或耐曲折性。
8. 改善鬆弛的革面（loose grain），促使粒面褶紋（grain break）更細緻，皮身更具飽滿、結實，進而提高出裁率（cutting value）。
9. 保護革面，使革面具有抗日晒性（亦即日光牢度），耐熱性，抗酸、碱性。
10. 製鞋綳鞋處理時，能給予革面具有抗由內（肉面）向上的頂力（pull up）。

塗飾劑如能給予革有上述中的某一項，或較多項的特性，則塗飾本身必需具有下列的品質及性能：

1. 經長時間後，尚且能夠維特原來的光澤度或消光度。
2. 使用於胚革上成膜後，外觀不能太像似塑膠。

3. 不能損壞皮感（如飽滿，柔軟等），及手感。
4. 塗飾後不能產生裂紋或易被破壞，移除等瑕疵。
5. 黏合劑必需具有抗溶劑的性能，亦即抗溶劑性佳。
6. 和胚革的接著必須具有抗濕性（潮濕性），如使用於皮雪靴和手套的塗飾。
7. 需具有抗熱性（遇熱不發黏），抗冷性（遇冷不龜裂），耐水洗性，及抗乾洗劑的性能。
8. 塗飾膜須允許水的揮發及具有抗色移性，亦即抵抗色的移轉性。

還好大多數塗飾革不曾要求需具有上述的所有特性，而且我們也必需強調塗飾工藝事實上也無法達到上述的所有特性，所以塗飾必需根據最後革製品所需要的特性，再決定操作方式的工藝，然而黏著性、穩定性、耐久性、革面的摺紋及革面的外觀，則是塗飾工藝基本上必須具有的要求。

塗飾工藝基本上必須具有的要求有：

1.黏著性（Adhesion）

需考慮到皮胚的種類，鞣製的方式，使用的加脂劑及革面是否有回濕的能力。黏著性不僅只是塗飾層和革面黏著的問題，尚包括不同塗飾層之間的黏著，例如頂塗飾需要考慮的是和前一道塗飾層的黏著性，而不是直接和革面層的黏著性。如果黏著性不好則塗飾層易被剝離或剝落。

影響塗飾黏著性的三種胚革特性：

1.革表面的電荷

決定革表面的電荷在於濕工段的處理。使用磨皮機磨掉粒面的修面革（磨砂革）其表面的電荷對黏著性的影響較小，因經磨皮後，絨面張開，表面積擴大，塗飾液滲透快。鉻鞣皮如不經過陰離子性的再鞣劑再鞣的話，則成革的粒面帶陽離子性的電荷較多，同樣地如在濕工段使用陽離子性的助劑或油脂較多的話，也會使成革的粒面攜帶較多的陽離子電荷。因塗飾時大多使用屬於陰離子電荷的化料或助劑，故陰離子電荷的底塗劑滲入陰離子電荷的胚革粒面較容易，如因電荷性不同，則會產生凝聚，不易滲入，影響黏着性。

2.對水或溶劑的吸收特性

水溶性的塗飾劑和水混合使用後，水需能引導混合在一起的黏合劑或樹脂滲入粒面層內，不是只有水滲入而將黏合劑或樹脂留在粒面上，為了能達到這種效果，胚革必需具有某種程度的吸收性，吸收性低，相對地黏著性差，但如果吸收性太高，則會形成水比較易被吸入皮內，而黏合劑或樹脂則會大部份被分散在粒面上形成「不連續性的膜」，影響黏著性，亦即黏著性差，這是因為水對皮纖維會產生膨脹，如吸收水快，則會造成革粒面的纖維膨脹太快，黏合劑或樹脂易被革粒面膨脹的纖維吸收，形成不易滲入粒面層較深入的地帶，故黏著性較差。為了使黏合劑或樹脂能有較深入的滲入效果，就必需在纖維產生膨脹前使黏合劑或樹脂有滲入的機會，例如添加些有機溶劑的滲透劑，如異丙醇（IPA isopropyl alcohol），因有機溶劑對皮纖維的膨脹作用不像水那麼強烈。

3.革粒面的結構

革粒面的結構對塗飾的黏著性，意義非常大，因粒面具有許多的鋸齒紋，凹處和毛囊壁，故粒面所呈現的表面積比肉眼所看見的還要大，如黏合劑或樹脂能滲入粒面層則能增加黏合性，但假如粒面層內塞滿了一些沒滲入皮內的填料、顏料漿或染料則會降低黏著性，這也是為什麼第一道底塗漿內不會添加不易滲透的化料或助劑。

二、穩定性（Stability）

鞋面革的塗飾層需要具有範圍廣泛的耐溫差，即抗熱及抗冷的穩定性要好。如使用*增塑劑（Plasticizer）或柔軟劑（Softening agent），則要求穩定性要佳，否則增塑劑或柔軟劑因移轉（Migration）或被革面吸收入革面層內而消失，致使塗飾膜可能變硬或變脆。增塑劑可用油代替而使用於某些要求拋光效果的革類，尤其是沙發革，如不使用油當增塑劑的話，則易龜裂。因此要求有優質的塗飾革必需選用能維持柔軟性較長久的成膜黏合劑。塗飾工藝必須具有某種程度的耐乾、濕磨擦牢度。鞋面革則需要有再拋光性，使消費者能自己使用鞋油（蠟），再拋光所穿過的鞋面。

【註】
增塑劑：能改善成膜劑的成膜性，柔軟性及其他的特性，例如溶解性。

三、革面的摺紋（Break of Leather）

一般而言，革除了需要有獨特的外觀和耐用性外，尚須具有細緻的摺紋。摺紋和塗飾漿的滲透性有關，而且會影響革面纖維的曲折性。假如塗飾層只留在革的表面上或滲透的程度不夠深，則塗飾層可能於曲折時會拱起，大大的破壞了革的天然美感、特別是修面的塗飾革。塗飾的填充也是一種非常重要的課題，如果填充效果佳，則能達到革面的色彩一致且均勻的外觀。至於其他講求革面需要有自然外觀的全粒面革類，例如小牛革，其工藝的「填充」使用量，不能過量超出，而且噴漿要輕、成膜要薄。

胚革塗飾工藝操作前首先需要考慮每一塗飾層的使用目的為何？是為接著或改善接著？需要遮蓋或美化自然的外觀？增加光澤度或消光度？產生某種效應？或其他的目的？塗飾時的操作方式是採用淋漿？揩漿？一次或二次？採用噴塗時是輕噴或重噴？一次，或二次，或更多？噴橫的交叉，或噴斜的交叉？過程中是否需要熱壓平版或熱壓花紋版？熱度多少℃？壓力多少磅或公斤？時間多久？等等，爾後再進行塗飾工序。

第 2 章

塗飾工藝的概念和構想
（The concept & formulation of finishing）

溶劑性塗飾工藝（Solvent Finishing）

目前大多數的化料廠商都儘量排除生產及製造使用以溶劑為主的塗飾化料，這是除了生態問題外，尚有包裝，貯儲，運輸，搬運，及著火等問題。有些化料廠已能供應有關這方面的化料及環保系統的工藝，即是使塗飾工藝部門排出揮發性有機物質（Volatile Organic Compounds V.O.C.s）至空氣的量減至最低。

為什麼不能馬上立刻改變使用水溶性的塗飾工藝？除了因為不含溶劑的工藝成本至少比溶劑型的工藝貴2倍外，還有技術上的問題，那就是並不是所有的塗層都能接受水溶性的頂塗飾（Top coat），或使水溶性的頂塗飾有很好的流動性或當中間層塗飾（inter-coat）時有良好的接合性，這是因為有無數的底層塗飾工藝不能保証在任何環境下都能接受執行純水溶性的頂層塗飾工藝，然而現在的化料供應商都已經將化料改良成完整的水溶性系統，所以工廠可以自己選擇執行工廠特定標準的化料使用。

各種不同塗飾工藝的構想 （Various Finishing Formulation）

塗飾工藝的變化大多在於色彩的改變，光澤性的程度，消光的效果，柔軟度或硬度及乾，濕磨擦牢度和抗熱，耐水斑等等。但在執行這些變化時必需注意的規則有：

一、黏合劑

對黏合劑而言；顏料用得越多，色調越鈍，越不透明、越不鮮艷而且磨擦牢度越差。

二、顏料

對顏料而言，即色調；黏合劑用得越多，成膜越有光澤，牢度也較好，但是所選用的黏合劑會影響塗飾革的柔軟度，硬度及顏料色調的摩擦牢度。

通常塗飾工藝處方所引述的「份」（parts）是以構成塗飾漿成分的「重量」為計算的單位，但是基本上必需有的觀念是設定所謂的「重量」時，必需以每一組成成分的「固含量」為準再計量，而不是直接以液態或粉狀的重量為設計單位，例如簡單的酪素塗飾工藝，乾燥後，形成的膜大約含有一份的黏合劑及兩份的顏料；樹脂（聚合物）塗飾工藝，乾燥後，形成的膜大約含有兩份的聚合物黏合劑及一份的顏料。由此可得知「份」即表示「固含量」，再由「固含量」推算成重量，例如顏料的「固含量」是

25%，而黏合劑的「固含量」是35%，那麼一份的顏料和兩份的黏合劑在使用上分別的重量是1公斤的顏料及約1.43公斤的黏合劑，簡單的算法是（25÷35）×2＝1.43或1.45。

增加黏合劑的使用量，則會增加光澤度及黏合劑本身具有的特性。反之，增加酪素的用量，則會變硬，無伸展性，及無熱塑性。然而增加聚合物的量，則可能增加塗飾層的發黏性、熱塑性、伸展性、抗水性及不滲透性。無揮發性的組成成分可能被革的表面吸入而遺失。一般大多數塗飾工藝的成膜厚度約為0.02毫米（mm）或約每平方呎含2公克（固含量）。塗飾工藝的特性非常依賴厚度或單位面積的使用量，如果使用量過多，則革面可能呈現出像油漆漆過量、發硬、成革手感似塑膠、壓版會黏版、曲折性及摩擦性都很差。

塗飾劑的混合法

首先將黏稠度較高的塗飾料混合，待混合攪拌均勻後再慢慢地邊攪拌邊分2～3次添加黏稠度較低的塗飾料，後添加些水再攪拌，最後添加黏合劑或樹脂及剩餘的水分和溶劑（例如滲透劑）攪拌，直至均勻，因直接添加大量的水或溶劑於黏稠度較高的塗飾料混合漿內攪拌是很不容易達到完全混合均勻的程度。

顏料漿的混合也是同理，主色的顏料漿先混合，再添加一般黏稠度較低用於調色或調光用的顏料漿。塗飾漿需事先混合攪拌，準備好，如需置放，則必須緊蓋儲放的容器，藉以防止塗飾漿的表面形成一層薄膜（注意！不能使用此膜，即使再攪拌。攪拌前也必需先撈走這層膜）。

使用於硝化纖維的溶劑或稀釋劑必需事先依比率混合好，一般稱為「辛娜（Thinner）」，亦即沖淡劑或混合稀釋劑。

打光工藝的上光塗飾概念（Season Coat of Glazing finishing）

大多數的上光（光亮）劑（Seasoning agent）都不含任何色素，顏料或染料，其原因是使革面上產生一層透明膜，藉以保護革面受髒物的污染，或使革面具有其他的效果，例如光澤性或平滑性等。

選擇使用上光劑時需慎選有關於它對革面的黏著性，因為多數的上光劑都是由蛋白溶液，例如：酪素、天然或合成蠟，配合成膜性的聚合物製造而成，例如：樹脂和硝化纖維（乳化或未乳化皆可）。

使用蛋白塗飾是最適宜「打光」（Glazing）的工藝，也可以添加少量的染料，給予膜有彩色感，但是需要於完全乾燥前使用甲醛、或鉻礬（Chrome Alum）固定，藉以增加耐打光性及濕磨擦牢度。

使用於爬蟲類（Reptiles）、小牛鞋面紋革（Box Calf）和打光小山羊革（Glazed Kids）打光工藝的上光劑，於溫度50～70℃之間的高溫乾燥後會形成不溶性的蛋白上光劑。打光工序前的上光塗飾，大多使用耐打光拖曳所產生熱的非熱塑類型的上光劑。

本身就具有本色、或添加染料、或添加顏料著色的樹脂或硝化纖維溶液，一般都使用於熱壓式的塗飾，故不需要固定，因沒抗水或撥水效果的要求。

硝化纖維光油或樹脂或聚氨酯光油溶液，經塗飾噴塗後，會形成具有抗水性的膜，也可添加各種助劑，例如消光劑（Matting agent）、半消光劑（Semi-matting agent）、或光澤劑（Glossing agent）藉以達到不同光澤程度的效果。

皮革塗飾工藝的基本概念

在了解塗飾工藝的章程之前，首先必需認知一系列可使用於塗飾工藝上的材料，即化料、助劑等等，還有不同革類所要求的塗飾類型，諸如小牛或小山羊的打光革工藝，羊，或豬，或牛的服裝革塗飾。

塗飾過程中使用的化料（助劑）因考慮到所要求的特性，可歸類如下：

- 色料（Colour）：顏料（Pigment）及染料（Dyestuff）
- 黏合劑（Binder）或樹脂（Resin）
- 增塑劑（可塑劑Plasticizer）
- 稀釋劑（Diluent），水（Water）
- 油（Oil）：不是濕工序的加脂油
- 分散劑（Dispersing agent）
- 抗菌劑（Antibactericide，Anti-mould）

- 消泡劑（Antifoam，Defoamer）
- 離板劑（Plate release agent）
- 發亮劑（Fluorescent agent）
- 消光劑（Matting agent）
- 珠光劑（Pearliser）
- 裂劑（Crackle agent）
- 溶劑（Solvent）
- 酪素（Casein）

一般常規的塗飾的步驟

視胚革的情況決定是否需要先執行噴染的工藝

一、飽飾（俗稱打碰花或乾填充Impregnation）

亦可稱為預處理，也就是本人於30多年前聲稱的「打碰花」，其目的是希望能改善胚革的三種性質；(1)胚革較鬆弛的部位(2)革粒面的摺紋(3)抗擦傷。大多以溶劑（滲透劑）、或濕潤劑為介質配合聚氨酯樹脂，或低含量（固含量低）的聚丙烯酸樹脂溶液使用，最重要的是飽飾塗飾混合液必須在3～4秒內滲入，而滲透的深度是由溶劑（滲透劑）、使用量，或濕潤劑的濃度，或使用的方式（例如：揩漿法、刷漿法或淋漿法）控制，飽飾液滲入粒面，且透過粒面層，進而滲入纖維層後，樹脂即能加強粒面層和纖維層的黏合，改善粒面層的摺紋。

飽飾劑內的樹脂大多使用丙烯酸樹脂的乳液（或分散液），其顆粒的大小約0.07～0.15微米（μ：10^{-6}，使用時塗飾液的樹脂固含量約6～12%，使用量約21～35克／平方呎（gm/sft），滲入的深度約25～35%革的厚度，最好能滲入至粒面層和纖維層的交界處（Intersection）。

現在飽飾液內的樹脂，也有人使用無膜性或有膜性的聚氨酯樹脂，其效果是能得到反應完全的聚氨酯彈性体。

飽飾系（Impregnation systems）：本人認為凡是使樹脂滲入皮纖維內藉以改變纖維的結構使纖維更緊實，粒面摺紋（Break）更細緻，進而加強抗磨耗（Abrasion）為目的的工藝皆可稱為飽飾工藝，而並不是只有改善鬆面的塗飾才稱為飽飾工藝。

二、底塗（Bottom Coat）

底塗飾的作用是使塗飾革的缺陷能得到適宜的遮蓋且具有保護的效果。從底塗飾開始就得使用連續性膜，除非是作其他效果的噴飾，如打光或拋光，而膜的厚度約為整個塗飾膜的65%，磨砂面革膜的厚度約2倍於全粒面革的膜。底塗飾所形成的膜必需均勻，且能達到控制許多主要要求的特性，諸如耐濕屈折性（革浸濕後，經彎曲，膜也不會破）、接著性、耐乾屈折性、填充性、遮蓋性、抗冷裂性、壓平性、或壓花版性等。

一般的底塗飾在某種情況下，需施以油壓式、較高溫（60～80℃）的燙壓平過程，這是由於高溫時底塗飾膜有些會形成屬於柔韌而不均勻的膠体，但經較高溫的熱板壓平時，成膜劑（黏合劑或樹脂）則因熱而具有類似液態的特性，故能流動使膜趨於均勻，這也是熱塑型樹脂的特性。

成膜劑（黏合劑或樹脂）是控制膜成形後，具有各種物性的主要因素，一般採用丙烯酸乳化液，摻合聚氨酯分散液或乳膠液，另外添加具有遮蓋性、色彩效果和填充能力的顏料分散液和填料以及一些能影響最後使用性的手感劑和壓平效果的助劑形成底塗飾的混合液。使用量依胚革的吸收性而不同。底塗飾混合液如能適當且均衡的話，則可達到下列的特性：

1. 部分的塗飾液能滲入革面內，且形成似襯托的物質，如能均勻的襯托，則有利於爾後的塗飾工藝。
2. 塗飾層能和粒面結合在一起。
3. 塗飾膜的摺紋非常細緻。
4. 在熱和壓力下，其壓成性會形成很好的封閉性。

剖層革（榔皮Splits）於底塗前，可能需先壓版以免底塗漿滲入太深。底塗時革的吸收可能太多，即革允許顏料的滲透，使革面上形成一層均勻而且能夠限定爾後吸收的封層，有利於緊接著的工序「顏料塗飾（Pigment finish）」。

底塗劑如含有可當增塑劑的油，則能賦予革有飽滿感。打光革的底塗需含有底塗填充劑，例如角叉菜（愛爾蘭苔Irish moss＝Sea moss）、亞麻子粘質（Linseed mucilage）、羧甲基纖維素（Carboxymethyl cellulose），聚合的乙烯基化合物（Polyvinyl compounds），亞麻子和某些顏料混合後的一段時間內會傾向於黏滑，故需事先測試所要使用的顏料。角叉菜則會導致手感乾燥及色調鈍，使用羧甲基纖維素的困難度很少，但成膜則是易被濕潤再被溶解，所以抗膨脹性及濕摩擦牢度差，聚合的乙烯基化合物無論在填充或均勻方面都有很好的效果，且無不利的影響。

如想使用纖維素塗飾，底塗膜是不變的，即是可使用一般聚丙烯酸樹脂所形成的膜。因纖維素塗飾經過溶劑或稀釋劑稀釋後的硝化纖維塗飾劑（光油）對聚丙烯樹脂的黏合性很好。使用聚丙烯酸樹脂當底塗劑時需先熱壓版後，才能使用硝化纖維當作頂塗飾，這是為了減少阻止增塑劑因遷移，透過聚丙烯酸樹脂膜而移轉至皮內，另外具有填充及封閉的效果，有利於硝化纖維液的流平性。假如添加氨水至聚丙烯酸樹脂液而達到某一黏稠度時亦能減少增塑劑的遷移及改善硝化纖維老化（Ageing）的特性。

為了消除原皮具有的刮傷痕和肥皺紋，採用底塗後再經磨砂工序的革，則底塗劑需混合些非熱塑性的物料（Non thermoplastic），而且所使用聚合物形成的膜，最好是不會被革吸收，亦即只附著在革面上或稍微滲入革面即可。苯胺革塗飾的底塗劑最好是含有油及增塑性低的聚合物，如此才能賦予粒面層具有飽滿性及彈性，易於拋光或打光。

採用磨砂處理的修面革，如果為了使革面柔軟而於表面加脂再磨革，可使用油類型的底塗代替。因為此時的底塗是為減少了皮的吸收及削弱纖維的膨脹而達到具有封閉表面的作用，故底塗之後的塗飾不能滲入太深，只要滲入至能結合牢固及伸展性良好的程度即可。有些底塗劑是屬陽離子性，故只能沉澱於粒面層，達到所謂的陽離子性的封層效果。

底塗時最重要的是不能使粒面的負載超過，亦即底塗層不能太厚，或添加物（成膜）太多。底塗層可能是無色的，也可添加染料，但必須是鹼性染料，這是為了防止染料滲入，減少底塗著色的功能，不過摻合時須小心，因大多數的底塗劑屬陰離子性，也可添加少量抗碱性的顏料漿。

三、顏料漿塗飾（Pigment coat）

亦可稱為「乳膠塗飾（Latex finishes）」，顏料漿塗飾是使用O/W型的黏合劑或成膜劑的乳液，混合顏料漿和分散劑，形成塗飾漿的分散液後再執行塗飾的工藝，O/W即是油溶於水或俗稱「水包油」。可採用揩漿法，刷漿法或噴漿法直接將塗飾漿均勻的分散塗抹或噴到革面上，當塗飾漿浸入革面，直至塗飾漿內的水分揮發後，顏料和樹脂便會在革面上形成一層均勻的塗飾膜，如圖所示。同樣的塗飾漿分散液可能需要重複操作2～3次，但每一次顏料漿的使用量必需減少，不過可以添加些其他的助劑，藉以加強某種物性或手感的要求。經過乾燥處理後，熱壓、促進樹脂熔化於纖維內及使革面平滑，爾後再執行頂層塗飾的工藝。因塗飾的特性是由所使用的樹脂系統決定，所以顏料漿塗飾工藝處方內黏合劑或成膜劑乳液的特性是決定最後塗飾膜特性的最重要因素。

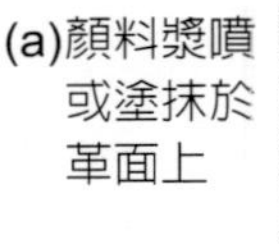

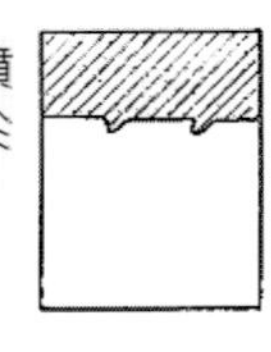

(b)因顏料漿浸入革面形成革面上顏料漿的濃度較稠

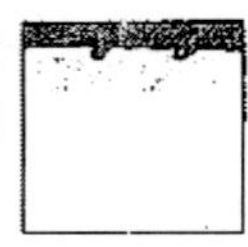

大多數的獸皮其粒面上都有瑕疵，遮蓋這些瑕疵或使這些瑕疵形成較不顯著的最有效及最普遍的方法，就是使用顏料塗飾法。

顏料不同於染料，因顏料不溶於水或溶劑且不透明。它們具有隱藏或遮蓋的能力。使用性很廣泛，被選用於獸皮類的顏料必需是不褪色或受化料的污染，或於塗飾時具有良好的抗熱性及日光堅牢度。

顏料有來自天然的礦石，有合成有機的及使染料沉澱的色澱。色澱顏料的色彩廣泛且鮮艷，但遮蓋力及各種牢度不如來自礦石的顏料。

有些色澱顏料（Lake Pigment）及合成有機顏料可能稍微溶於有機溶劑或增塑劑，但使用於硝化纖維光油或乳液或溶劑型的黏合劑為主的「頂塗（Top coats）」時，有可能會產生「遷移、移色（Migrate）」的現象。

有機顏料和有些色澱顏料比較適合於半苯胺（Semi-aniline）塗飾，因為色值（Colour Value）高且較透明，但遮蓋力差。

顏料漿的組成是由顏料（20～23%或45～50%），濕潤劑（大多屬硫酸化蓖麻油）及黏合劑（大多使用酪素,但也有的添加些使用銨水可增稠的丙烯酸樹脂黏合劑混合後放入裝有大量硬球攪拌的轉鼓，或碾壓輥研磨形成，稱顏料膏）。使用濕潤劑及黏合劑的原因是為了使每個顏料分子的表面能被濕潤並被黏合劑覆蓋。濃度高的顏料漿大多不含黏合劑，亦即所謂不含酪素（Casein free），只含有濕潤劑，或再漆加些合成聚合的分散劑。

不透明性或遮蓋能力佳是顏料的重要特性之一，使用具有這種特性的顏料於塗飾革的表面，則色彩不具有光澤，因如此才能隱藏粒面的缺陷，或染色的不均勻等等。顏料混合時可能會發生不是所期望的色彩，這是因為混合顏料分子間的大小不同，造成分子和分子的結合處所吸收的光波及對光的反射不能一致的原因，這種異常混合的現象，常發生在非常透明性的顏料混合，及針對抗熱牢度或日光牢度的顏料混合。

❖ 顏料膜需要考慮的事項

黏合劑越多，膜的結合性越好，增加了粒面的抗磨擦性及抗伸展時粒孔的張開性。因而可知顏料和黏合劑二者之間使用的比率是非常的重要，亦即純顏料量和純黏合劑的比率，比率越大，即顏料多，黏合劑少，則膜的結合性越弱。同時如果黏合劑的使用量越多，則形成的膜越平滑，且越如鏡面，有助於爾後的打光及壓光的工藝，特別是如果使用熱塑類的黏合劑，非常適用熱壓法使表面更鏡面。相反地，如果黏合劑的使用量不足以形成鏡面，則表面較粗糙不平，或猶如使用了消光劑（Matting agent），少了光澤性。

【注意】

如果需要執行第二次顏料底塗（不含飽飾塗飾）時，一般塗飾漿內所含的樹脂都比之前第一次顏料底塗的樹脂稍硬些，顏料的使用量要比第一次少，塗飾漿的使用量儘量少，亦即成膜儘量薄，不能厚，但需達到色調的深度及遮蓋力（如有所要求），且能改善提高最後的耐磨性。

四、頂塗飾（Top coat）

一般所謂頂塗飾是包括中塗飾和上光塗飾，藉以完成全部的塗飾工藝。

各種不同塗飾的變化，或效應，或對比的效果大多在上塗飾的過程中執行，例如斑點或疙瘩（Blotch）、條／渦牧（Striping/Swirl）、仿古（Antique）、擦拭（Brush off effect）、頂點著色（Tipping effect）、洗掉色（Wash off）、凹凸板（Rotogravure & Relief）、苯胺（Aniline）、光澤（Gloss）、掉色（distressed）、灑、潑、濺（Spatter）等等，所以說，塗飾工藝上最能藝術化的地方，也是變化多端，最令人思考和研發的地方就是上塗飾的工藝。

這一層塗飾的目的是為了改善及增加乾、濕磨擦，防止熱壓黏合劑發粘，改善革面的摺紋，有利於製鞋廠所使用的修飾劑（Dressing agent）。

一般都使用無色，或有色透明性的塗飾，故色彩只能採用染料或有機顏料。使用的樹脂比之前顏料漿塗飾的樹脂較硬些。頂塗飾使用於塗飾革上的膜雖然很薄，但是卻能改善塗飾後成革的手感。頂塗可使用噴塗或滾筒塗飾執行。

五、光油塗飾（Lacquer Finish）

一般的塗飾其光澤度都不夠，且會被水，濕氣所影響，另外手感也可能因樹脂的關係而具黏感，為了糾正這些缺點，故需要進行光油塗飾。

所謂光油塗飾是使溶解於有機溶劑的高分子量物質沉積在革表面上的工藝。蟲膠清漆（Shellac）是早期所使用的天然光油之一，但現在大多使用硝化纖維化合物。使用光油的好處是光澤度及色澤的光彩度高，但壞處是遮蓋力及黏著性低，為了改善這不利的條件，現在大多數的工藝都結合許多不同的塗飾工藝，爾後再以光油作為頂塗飾。光油膜的特性決定於所選用的高分子量材料，而所要求的曲折性，延展性和黏合性必需建立在之前塗飾所使用的樹脂系統，並不是光油內添加些增塑劑即能達到所求。形成光油膜的材料（物質）必需具有和皮纖維的親合性，才能和塗飾的樹脂有適切的黏合，因為塗飾層和光油塗飾的結合是使光油膜沉積在塗飾層的樹脂膜上，所以光油膜的特性是由樹脂膜決定，並不是光油膜沉積在樹脂膜上後再調整光油膜的物性來決定塗飾後的特性。

光油塗飾可添加其他各種助劑，藉以調整塗飾革的手感，抗膠粘，抗乾、濕磨擦等各種物性。亦可添加色料（顏料或染料），用以調整正確的顏色，亦可當作塗飾時居中的對比效應，例如仿苯胺革。雖然市場上有很多種塗飾使用的光油，但最受歡迎的仍屬硝化纖維素光油，因它能被許多不同的有機溶劑所稀釋，溶劑揮發乾燥後會形成透明、韌性佳的膜，如再添加增塑劑，則會加強膜的柔軟度及耐曲折度。可惜的是當它老化時易變黃，和碱性的環境接觸會加速其變黃的速度。如果鞋底以聚氨酯（PU）為主的話，因製造聚氨酯時須少量的胺作催化劑，成為鞋底革後會有微量的胺慢慢地滲出，如抗胺性差，則會消去鞋面的顏色，不僅發生在白色，也會發生在其他的色彩，在此情況下大家則會考慮使用醋酸一丁酯纖維素（CAB）光油。

醋酸一丁酯纖維素（CAB）光油不會變黃，即使和碱性接觸，但它的缺陷是不能廣泛的和其他的成膜劑或溶劑相容，故使用前需先測試溶劑，再稀釋使用。一般而言，醋酸一丁酯纖維光油的軟化點較硝化纖維光油低，也能被乳化，但穩定的時間並不很長，這些問題是否能被最近的將來克服，我們只能拭目以待。

乙烯基溶液的光油和硝化纖維不相容，使用的顏料漿和其他的助劑時需適用於所選用的乙烯基系統，所以當顏料的底塗採用丙烯酸為底塗劑時如果上塗飾選用乙烯基系統，必需保証丙烯酸和乙烯基之間有良好的接著性，由此可知選擇適當的樹脂對乙烯基系統的塗飾是很重要的條件。乙烯基塗飾比硝化纖維塗飾具有較佳的耐曲折性，抗冷裂性，但抗磨性不夠，因所需要的滑感不足，但如添加矽（硅）液於經改良後的乙烯基／氨酯混合液內使用，則能加強抗磨性及韌性的塗飾。總之，使用乙烯基代替硝化纖維的原則是加強抗耐曲折性為目標的塗飾，如傢俱革及汽車座椅革等。

氨酯光油塗飾雖然因溶劑的選擇常有使用上的困難，但它們如果和乙烯基或硝化纖維混合使用的話，卻是非常有用的。聚氨酯光油的抗老化性（耐久性），耐曲折性和延展牲都非常好，故比較適合使用於具有延伸性（延展性）的革。

 光油塗飾所使用的光油可區分為三種類型：

一、溶劑性光油（solvent lacquer）

構成的主要成分是硝化纖維或聚氨酯光油和溶劑／稀釋劑，或許還添加些手感劑。大多數都採用超過31℃高閃點（Flash point）的化料，例如溶劑／稀釋劑等，因高閃點的燃點高，較安全，相反的，低閃點的化料雖然價格上比較便宜，但是蒸氣壓低，不易從空氣中吸收水分（濕氣）故乾燥，揮發快，易著火。溶劑型光油使用前有時也添加交聯劑（cross-linkers），藉以增加物性，例如磨耗性等。

一般而言，溶劑性光油的耐乾，濕磨擦性佳，如有添加硅酮（silicone）滑劑使用可改善手感性及磨損性。

二、水溶性乳化光油（Water base Emulsified Lacquer）

為了減少排碳量釋放至大氣層及防著火燃燒的安全性，大多數的塗飾工藝現在都已改用水為稀釋劑的光油，不過一般仍以硝化纖維素的水溶性乳化光油為主。其優缺點如下：

1.優點

(1) 最適合使用於服裝革類等輕而柔和的塗飾。

(2) 使用於「中間塗層（inter-coat）」，藉以防止底塗後疊皮時，熱壓或壓花版時產生「發黏」的現象。

(3) 常被當作改換成水溶性頂塗工藝的過渡性化料使用。

2.缺點

(1) 濕磨擦牢度較溶劑型光油低。

(2) 需浪費熱能乾燥。

(3) 使用單位面積算，價格較貴，即使水為稀釋劑可以不算成本。

(4) 稀釋後清漆乳液的穩定性不如溶劑型光油的稀釋液，易沉澱，分離。

三、水性頂塗飾（water-based top oat）

水性頂塗劑是將流動劑（flow agent），黏性調整劑，穩定劑等等添加入含有丙烯酸添加物的聚氨酯樹脂內，價格昂貴，無論是否含有交聯劑。一般常以滾筒塗飾機操作，藉以減少化料的浪費及勞工的費用。

含有交聯劑的水性頂塗飾劑會形成非常堅韌而且耐用的膜，最適合於傢俱裝璜革（沙發）或水性「漆皮」頂塗飾。

構成塗飾成分的相互作用

對一種由各種物質所組成的塗飾漿，每一個構成分都可能導致化學上和物理上（大多屬機械）的反應，因而顯示出相應困擾的問題，例如：遮蓋性差、不均勻、發粘、色牢度差等等，雖然現在的塗飾化料供應商都會提供有關他們化料的資訊，但是更希望能提供更多有關化學和物理反應上的資料。

濕氣揮發的透氣性（Moisture vapor permeability）

濕氣揮發的透氣性（簡稱：透氣性）是革類最希望具有的特性之一，這也是鞋穿著是否舒適的因素之一。皮革工程師已經朝這方面的工藝努力地研發，期望在穿著鞋的時候，能增加鞋內水氣的排除，使腳有涼爽舒適的感覺而不是悶熱、潮濕。

下列所舉例的是一些已知透氣量的聚合物膜：

透氣率（公克／平方米／24小時／毫升）	
丁二烯（Butadiene）	680
乙　烯（Ethylene）	4
氯乙烯（Vinyl Chloride）	32
甲基丙烯酸甲酯（Methyl methacrylate）	550
醋酸－丁酸纖維素（Cellulose acetate buterate）	1500
賽路玢（再生纖維素，俗稱玻璃紙Cellophane）	1870

經由上面的數據可知，如果革面使用氯乙烯封底則鞋穿著的舒適感不如丙烯酸樹脂。低透氣性的膜雖然不適宜當鞋面革的塗飾膜，但卻能使用於沙發革或其他對透氣性要求並不苛求的革製品。

防潑水革（Water repellent Leather）

防潑水革可經由幾個不同種類的化合物處理後獲得，例如硅酮（silicone），烯基丁二酸（烯基琥珀酸Alkenyl succinic acid），氟脂肪酸鉻的錯合物（Florinated fatty acid-chromiun complex），氯化鉻硬脂醯的複合物（Stearatochromic chloride complex）。

烯基丁二酸是利用分子端的「極性（polar）」和纖維親合，使「非極性（non-polar）」端的烯基暴露在外，因而能大大的減少革面水的滲入。氟脂肪酸鉻的錯合物大多使用於紡織品，有助於防水及防油，使用於皮革亦具有類似的特性。氯化鉻硬脂醯的複合物大多使用於反絨服裝革（suede garment），因不僅只有防潑水效果，尚具有耐乾洗的能力。目前市面上已經有很多的防潑水劑供應，但可以說還是以硅酮的效果最佳，硅酮經高沸點的碳氫溶劑或氯化溶劑稀釋後，噴於革面上或將革浸於硅酮稀釋液處理即可。經過硅酮處理後的鞋面革不會影響鞋的透氣性、排汗性及穿著的舒適感。

第 3 章 顏料及染料

顏料（Pigments）

顏料是經由研磨、分散、乳化等過程製成的。顏料屬惰性体，故對氧化、日光或抗溶劑等都非常穩定，不易變化。

大多數的顏料對於皮革不具親和力，必需藉適當的黏合劑（Binder）或樹脂（Resin）才能着色於革的表面上。

使用於皮革塗飾的顏料一般有：

1. 不含酪素的顏料液（Casein free Pigment）
2. 含酪素的顏料漿（Pigment paste）
3. 含酪素及丙烯酸樹脂的顏料膏。

顏料最簡單的定義是能給予塗飾膜具有色彩，藉以加強或修改胚革原來的色調，及覆蓋性不等的程度，同時也會影響塗飾膜的日光牢度，抗酸、碱和溶劑的程度。顏料的化學組成會影響顏料本身的溶解性，折射率（Refractive Index），色相，比重（Specific Gravity），耐久性（Durability）及遮蓋力（Colour hiding power）。

一般而言，顏料的日光堅牢度都比染料佳，同一顏料濃度高（色度較深）的日光堅牢度比濃度低（色度較淺）的日光堅牢好，無機顏料的日光堅牢比有機顏的日光堅牢佳。

顆粒較細（0.01～3*μ微米）的顏料，凝聚力大於顆粒較大的顏料，着色能力（Tinctorial power）也強於顆粒較大的顏料，但遮蓋力（Covering power）較弱於顆粒較大的顏料。

【註】

*μ微米＝10^{-6}米

不同的顏料，各自混合於不同的黏合劑（成膜劑Binder）後再混合一起，則會攪亂顏料對黏合劑的親和力，因而可能外觀上形成不同的凝聚（Flocculation）。如因黏合劑使顏料表面的回潮性差，則會增加表面張力，進而導致有凝結（Coagulation）的傾向。

顏料和樹脂（黏合劑）混合後所形成的膜是否良好，是依據革的吸收性，及塗飾混合漿內顏料和樹脂二者之間的相互作用（Interaction），如界面張力，電荷，吸收等。顏料可分為二大類：

一、無機顏料（Inorganic Pigments）

半透明性或不透明性有遮蓋的能力，原料取自；

1. 金屬氧化物（鐵Fe、鈦Ti、鋅Zn、鈷Co、鉻Cr）
2. 金屬粉末懸浮物（金Au、鋁Al）
3. 土色（黃褐色Tawny、赭土Ocher）
4. 鉛黃Lead Chromate

5. 碳黑Carbon Black

例如： 鉛白（White Lead），二氧化鈦（Titanium dioxide），氧化鋅（Zinc oxide），鋅鋇白（Lithopone），硫酸鋇（Barytes），銻白（Antimony trioxide），氧化鐵（Iron Oxide），鉻酸鉛（Lead Chromate），鉻酸鋇（Barium Chromate），綠氧化鉻（Chrome Oxide Green），硫化鎘（Cadmium sulfide），普魯士藍（Prussian blue），群青藍（Ultramarine Blue），鈷藍（Cobalt Blue），含金屬的鋁（Al）、鋅（Zn）、鉛（Pb）等等。

無機顏料最主要是使用於修面革和剖層革（榔皮）的塗飾。一般皮革的塗飾，黑色是主色之一，而黑色顏料大多以「碳（carbon）」為主，所不同的，只是濃度和等級（碳）的區別。當然可添加染料藉以加強色調，但是添加量不能加多，否則會降低濕磨擦牢度，及可能產生「古銅色（bronzing）」或「色遺（bleeding）」，即輪廓模糊不明顯等不良的現象。氧化黑（black oxide）亦能使用於修面革及剖層革（榔皮），藉以增加填充力，至少增加50%，再加上本身的固成分，但是色光呈暗晦而無光澤的棕色色相，故僅能使用於底塗層。

二、有機顏料（Organic Pigments）

透明性，遮蓋能力差，原料取自；

1. 動物（黑色素Melanin）
2. 蔬菜（葉綠素Chlorophyll、葉黃素Xanthophyll、靛青Woad、葉紅素Erthrophyll）
3. 合成：
   (1) 染料型的顏料（Pigment Dyestuffs）：不溶於水的染料（有機顏料）含偶氮，不含親水基的不溶性錯合染料，遮蓋力及均勻效果佳，例如偶氮（Azo）、靛藍（Indigo）、蒽醌（Anthraquinone）、苯二甲藍素（Phthalocyanine）或任何苯波分林（Benzoporphyrins）族所形成的染料等類型。能抵抗5%的蘇打灰（Soda ash無水碳酸鈉）溶液。和染料的製造一樣，只是不溶於水。
   (2) 色澱或稱媒色料（Lake）：不溶於水的有機顏料（染料）。將酸性染料溶液或碱性染料溶液，即一般染色時使用的染料溶解後的染料溶液，酸性染料溶液添加含有鈣、鋇鹽類（或碱性染料溶液添加磷鎢鹽類）的氧化鋁溶液，使染料所含親水性的磺酸群和所添加的鹽類結合，形成溶性的沉澱，即稱為色澱，依添加的濃度及溫度的控制即可得到色強度不同程度的色澱和色調。色澱的日光堅牢度比原來染料的日光堅牢度佳。不能抵抗5%溶液的蘇打灰（Soda ash無水碳酸鈉），即添加5%蘇打灰的溶液，即恢復水溶性。
   (3) 調色劑（Toner）：不含無機色料或碱的有機顏料（染料）。

製造的方法和色澱一樣，只是不需要含基質，例如氧化鋁。是一種色澤最強的顏料，因一旦含有基質，就會沖淺或減少調色劑的色強度能力。添加5%蘇打灰的溶液，即恢復水溶性。

有機顏料一般

1. 本質上可說是不含任何的黏合劑
2. 使用量少，例如服裝革只需20～40公克／每公斤的塗飾漿，即能得到鮮亮的色澤及某程度一致性的遮蓋力
3. 對品質級等較低的皮胚，可減少使用量，增加等量（減少量）的黏合劑及填料，藉以降低成本。如果全部以無機顏料代替，則成革的外觀，互相比較後，就顯得非常呆板，不活潑，不討人喜歡，但是如果部份的有機顏料能夠用無機顏料代替，則最後的結果非常類似（b）的品質，且遮蓋力較佳。

顏料的主要來源及大約的特性

一、白色顏料

白色顏料只有無機白顏料，沒有有機白顏料，除了使用於白色革的塗飾外，大多數使用於降低其他顏色的色調，例如；黑→灰（Grey），棕→淡棕（Fawn），紅→粉紅（Pink）及黃→米黃（Beige）等等。

1.鈦白粉（二氧化鈦Titanium dioxide TiO_2）

有二種天然晶狀（Crystalline form）：

(1) 銳鈦礦（Anatase）：純白色（雪白色）

(2) 金紅石（Rutile含鐵約10%）：遮蓋力強，故塗飾時可用金紅石類作底塗（1st Bottom coat），再用銳鈦礦類作上塗（2nd bottom coat或Top bottom coat）。

鈦白粉非常隋性（Inert），抗試藥（Reagent）及硫化物極佳，結構佳，重量輕，故使用量多也不會有類似渣滓的沉積，而且其透明性是所有白色顏料類的最佳。現在白色顏料一般都採用鈦白粉。

2.氧化鋅（鋅白Zinc oxide ZnO）

鮮艷的白色顏料，質地細，不透明性很差。

3.硫化鋅（Zinc sulphide ZnS）

不溶於水，適用於頂塗溶劑型光油的著色。不透明性比氧化鋅佳，缺少類似鈦白粉對化學的穩定性。

4.硫酸鋇（Barium Sulfate或Barytes）

取自天然的硫酸鋇礦晶，但質地細的產品才能使用於塗飾。

5.鋅鋇白（Lithopone）

含有硫化鋅，硫酸鋇，氧化鋅。日光堅牢度差，但可添加氧化鎂（Magnesium oxide）改善，現已被鈦白粉取代。

6.高嶺土（Kaolin中國黏土China clay）

主要是當作增白劑，使用於鞋底革肉面的塗飾或當作塗飾的填料（Filler）使用。

二、黑色顏料

1.炭黑或煙黑（Carbon Black or Gas Black）

取自未完全燃燒的油井煙。色調、質地、污染力佳，不易分散於水介質中，但可分散於蓖麻油（Castor oil）或一般纖維素的增塑劑（Plasticizer）。於水介質中傾向帶紅光，不過可添加黑色染料糾正，但如果介質是纖維素，則需使用普魯士藍（Prussian blue）調整黑色的色度。

2.燈黑或植物黑（Lamp Black=Jet Black或Vegtable Black）

取自燃燒具有含高炭（Carbon）成份萘（Naphthalene）的廢棄煤焦油。易分散，色度較炭黑差，適合於帶有藍光的灰色色調塗飾。

3.氧化鐵黑顏料（Black Iron Oxide）

不定形，微紅或微藍的黑色粉末。一般而言，色調濃度弱，質量不穩定。

4.二氧化錳（Manganese dioxide MnO_2）

黑色結晶或粉末。類似氧化鐵黑顏料，色調濃度弱，質量不穩定。

5.苯胺黑（Aniline Black）

黑色染料，使用於纖維素光油，色調濃，但於水介質時較淡。

6.黑色色澱（Black Lake）

有機顏料磷鎢酸類型的色澱，使用於水性塗飾時會有所限制，價格貴而且遮蓋性差。不適合使用於纖維素的塗飾。

7.氧化鈷（Cobalt Oxide CoO）

是一種極佳的黑色顏料但價格很貴。

三、黃色顏料

1.鉻酸鉛（Lead Chromate亦稱鉻黃Chrome yellow）

於硝酸鉛、氯化鉛或醋酸鉛溶液添加重鉻酸鈉（鉀）〔Sodium or Potassium bichromate〕反應後即可獲得。色調呈淡檸檬鉻至深橙鉻色，由溶液的濃度，酸度及溫度控制。鉻含量越多，遮蓋性越強，但含顏料成份越少。顏料經由硝酸鉛及氯化鉛製成的日光堅牢度比醋酸鉛佳。因鉛含有劇毒故溶液內鉛的含量不能超過1.5%。鉻酸鉛（鉻黃）能和群青藍（Ultramarine Blue）或鎘黃混合使用於水溶性的塗飾，因可能會形成黑色或灰色的硫化鉛。

2.鉻酸鋇（Barium Chromate）

重鉻酸鈉溶液和氯化鋇（Barium Chloride）溶液混合後，即形成淡黃色的鉻酸鋇沉澱。不受硫（Sulphur）的影響，即不會產生灰或黑的色調，但遮蓋力不如鉻黃。

3.鉻鋅（Zinc Chrome）

稍帶綠光的淺黃色顏料，只適用於硝化纖維光油。

4.鉻鉬（Molybdenum Chrome）

色調從橙色至紅色。質地的結構性和遮蓋性佳，可使用於水性和光油性的塗飾。

5.鎘黃（Cadmium Yellow）

即硫化鎘（Cadmium Sulfide），價格便宜，質地及遮蓋性良好，日光堅牢度極佳。

6.鎘鋅鋇白（Cadmium Lithophone）

硫化鎘和硫酸鋇的聚合沉澱物。黃色的色調鮮艷，和藍色色相調配，可配成極佳的綠色。

7.漢撒黃（Hansa Yellow）

屬一種不溶性染料型的有機顏料，污染力強，約4倍於鉻黃，即使是淺色也很清晰，耐酸、碱且日光堅牢度佳，但遮蓋力差，適用於水性塗飾，因使用於纖維素塗飾時易於溶劑裡流失。

8.萘酚黃（Naphthol Yellow）

以硫酸鋇沈澱（Blanc fixe）或硫酸鋇鋁沈澱（Alumina Blanc Fixe）的色澱染料，一般使用於纖維素塗飾，因易被碱介質分解。

四、紅色顏料

1.紅氧化鐵（Iron Oxide Red）

如西班牙紅（Spanish Red）和波斯海灣紅（Persian Gulf Red）皆含有80～85%的氧化鐵（Ferric Oxide），但是波斯海灣紅的質地較佳，且色彩較偏藍光，不過兩者的色彩都較淡，可稱為蒼白色調（Washy Shade）。土耳其紅（Turkey Red）具有黃光及藍光兩種。印度紅（Indian Red）的色彩有淺、中、深色調，帶黃光至深棕紫紅光皆有，氧化鐵的含量很少低於95%。

【注意】

選用時PH值必須超過5。

2.鎘紅（Cadmium Red）

屬硒（Selenium）和鎘二者硫化物的化合物。適用於水性及溶劑性的塗飾，具遮蓋性，價格貴，質地極佳。

3.血紅（Para Red）

由對硝基苯胺（Paranitraniline）與β-萘酚（Beta Naphthol）偶合（Coupling）而成的溶性染料，價格便宜，尚可使用於水的介質中。日光堅牢度佳，但有銅化（Bronzing似金屬性的閃耀）的傾向，可使用沉澱的硫酸鋇（Blanc Fixe）檢測。

4.甲苯胺紅（Toluidine Red.）

色調鮮艷，日光堅牢度極佳，只能使用於水性塗飾，因會於溶劑內流失。

5.立索紅（紅顏料Lithol Red）

堅牢度沒有血紅佳，適用於水溶性塗飾，不適於溶劑性。

6.永久紅（Permanent Red）

永久紅的系列裡，2G類型大多數屬橙色，稱永久橙（Permanent Orange），而4G類型不適合水溶性，極適合於溶劑型的塗飾。立索紫紅或萘胺紫紅（Litho或Naphthylamine Claret）則是只適於水溶性且帶藍光的紅色，但萘胺紫紅的日光堅牢度較佳，而立索紫紅的色調較深。

7.磷鎢酸的色澱（Lake of Phosphotungstic acid）

一般帶藍光或綠光的色澱，如混合紅色和藍色的顏料便可形成紫紅（Purple）至紫蘭（Violet）等系列，污染能力強，色澤鮮豔而清澈，只適用於水溶性塗飾，但是如有添加酪素時需小心使用。

五、藍色顏料

1.普魯士藍（Prussian Blue）

氯化鐵（Ferric Chloride）溶液和氰化鉀（Potassium Cyanide）溶液混合後即成。不會產生銅化的現象。只適於光油塗飾，即溶劑型，不適於水溶性。日光牢度佳，污染力強，遮蓋力差，抗酸但易被碱分解。

2.鈷藍（Cobalt Blue）

色澤清澈而飽滿，適用於水溶性及溶劑性塗飾，但因遮蓋力及質地差，且價格昂貴，故很少使用於塗飾工藝。

3.群青藍（Ultramarine Blue）

雖然在結構組成及色調上變化很多，但基本上都以鋁（Aluminium）和矽（硅Silicone）的硫化物錯合為主。如當作藍色顏料使用，則日光堅牢度極佳，但不可混合鉻黃（鉻酸鉛Lead Chromate）使用，因可能會產生黑色的硫化鉛（Lead Sulfide），添加少量的群青藍即可糾正帶黃光的白色塗飾（水溶性及溶劑性塗飾均可）。

4.苯二甲藍素藍（Phthalocyanine Blue）

日光堅牢度及抗熱牢度極佳，污染力強，且不受酸，碱的影響。色彩屬深紅光藍，而且不會像大多數的藍顏料一樣摻些白顏料即變成較綠光。

亞硫酸鹽可能會漂淺藍色調，亞硫酸鹽可能來自使用經漂白過的栲膠，或中和工序時使用亞硫酸鈉。

六、綠色顏料

1.氧化鉻（Chromic Oxide）

無機綠色顏料，能使用于所有淺綠色至深綠色的塗飾類型，遮蓋性佳，但因密度大，貯藏時易沉澱。由鉻酸鉀及硼酸熔融而成的鉻綠色料（Guigent's Green），具深藍光綠，但遮蓋力不如純氧化鉻的綠色顏料。

2.顏料綠B（Pigment B）

屬亞硝基β萘酚（Nitroso β Naphthol）的鐵鹽。日光堅牢度佳，帶黃光很強的綠色顏料，主要使用於水溶性或溶劑性塗飾時的配色（調色）。

大多數溶劑型光油所使用的綠色顏料是由藍色及黃色顏料混合拌成。

3.苯二甲藍素綠（Phthalocyanine Green）

苯二甲藍聚氯銅（Polychloro Copper Phthalocyanine）是一個非常重要的綠，色彩鮮艷，呈黃綠色調，各種堅牢度都很佳。

染料（Dyestuff）

使用染料最主要的目的是增加塗飾色彩的鮮艷度，因一般顏料的艷度不夠，而且染料的觀感較自然。有粉狀及液態兩種，商業產品分為三類型：

一、水溶型染料（Water base Dyes）

陰離子性的金屬絡合染料（1：1或1：2）及陽離子性的鹼性和金屬絡合染料。

二、溶劑型染料（Solvent base Dyes）

不溶解於水，只溶解於有機溶劑的染料。

三、兩性染料（Two phase Dyes）

液態，可溶解於水及溶劑的染料水。來自溶劑型染料經由特殊配方溶解形成。

 選用染料增艷時需要注意的事項

1. 日光堅牢度：一般所使用的染料都屬於合成的物質，可能會因氧化或日光，或甚至霓虹燈的照射而被漂白、變色，這種現象稱為日光堅牢度。
2. 耐熱性，不敗色。
3. 和塗飾劑內所有化料的相容性。

第 4 章

黏合劑和樹脂（Binder & Resin）

顏料屬不溶性的物料和皮沒有任何的親和力，即本身沒有能力黏附在皮身上，或形成一種連續性的膜，故需依賴所謂的黏合劑一起使用才能黏著於革面上，另外皮纖維露出於革表面外的纖維，例如磨珠（砂）面革（Corrected grain）或剖層革（榔皮、二層皮Splits）均需使用它，方能抑制露出於外的纖維，形成平坦且不會龜裂的表面。黏合（Binding）的意義是聚合物的分子圍繞在顏料分子周圍和水合性的皮纖維之間，因水分的揮發，增加了聚合物的凝聚和固含量，最後形成不會產生遷移性的黏合膜，因而革粒面越容易水合（回濕），聚合物越不易滲透，粒面越容易形成光澤性的膜，這也是為什麼同樣等量的塗飾，粒面不油膩的栲膠革比鉻鞣革的光澤度較佳。顯然地，聚合物對粒面的滲透性除了和纖維的緊密度及使用噴、刷、揩或淋的方式有關外，尚可經由塗飾劑稀釋的程度，革面的潮濕度加以控制。

黏合劑分成兩種類型：

一、水溶性類

例如酪素，澱粉及一些合成的物料，如聚乙烯醇（Polyvinyl alcohol），聚丙烯酸鹽（Salts of polyacrylic acid）和纖維素醚（Cellulose ether）。

結合的步聚是黏合劑分散於顏料每個分子的周圍，由於皮纖維的水合（Hydration）作用及水分的蒸發，便和纖維形成了黏合。

酪素和其他天然的黏合劑在使用上是能完全溶解於合成聚合物，例如：聚乙烯醇，也形成硬的交聯膜，但是實際上，商場上能被使用的都是介於天然和合成物質的性質之間。

二、有機溶劑性類

例如：硝化纖維素（Nitro-cellulose），其他纖維素酯類或醚類（Cellulose esters或ether），乙烯基聚合物（Vinyl polymers），聚丙烯酸酯類（Polyacrylates），某些聚氨酯類（Polyurethanes）。

最被普遍使用的硝化纖維光油（Nitro-cellulose Lacquer）即屬硝化纖維素，溶解於許多不同的溶劑，無色，似糖蜜的液體，乾燥後形成透明膜。可添加適當的染料或顏料加以著色。

硝化纖維素本身屬硬而脆的膜，所以不適用於需求曲折性的革，如服裝，沙發等軟革，必需添加增塑劑（Plasticizer），藉以加強硝化纖維素的伸展性（Extensibility），曲折性（Flexibility），和壓縮性（Compressibility）。是故增塑劑對硝化纖維素的塗飾扮演著非常重要的功能，即使是使用於可能價格較便宜的纖維素或合成的產品，例如醋酸纖維素（Cellulose acetate），也是非常重要。

其他溶劑型的黏合劑（Other Solvent Based Binders）

溶解於溶劑，且能使用於皮革塗飾的黏合劑，聚合型的合成黏合劑的種類很多，有適於柔軟的，伸展的，熱塑性的，日光堅牢度……等等，最特殊的優點是成膜具有固有的曲折性，無需再添加增塑劑，所以沒有所謂「遷移」的問題。這類的產品在生產技術上的問題是尚無法製造固含量高的液態產品，但是雖然固含量低，不過黏度足夠於應用，而且使用容易，流動性（Flow-out），曲折性（Flexibility），耐久性（Durability），手感不發黏及價格等各方面都不錯。

決定使用何種黏合劑前，必須考慮的事項：

一、革類的要求？例如：服裝革需使用柔軟且具有伸縮性的黏合劑。

二、鞣製的工序，例如：加脂時油的使用量是否太多？因而形成鬆面、或表面油脂太多影響黏合劑對革表面的接著力。

黏合劑的使用，多數是混合各種可單獨使用，且各具特殊性能的黏合劑，因如此才能達到最後所要求的各種特性，假如塗飾革最後需經打光（Glazed）處理，則需選用非熱塑性的黏合劑（Non-thermoplastic Binder），例如酪素，或酪蛋白（Casein）。如需經熱壓（Hot press）處理，則需選用熱塑性的黏合劑

（Thermoplastic Binder），例如：丙烯酸類（Acrylates），乙烯基類（Vinyls），苯乙烯類（Styrenes）等樹脂（Resin）。

具有抗水性的黏合劑可能可以單獨使用於頂塗飾，但不能單獨使用於底塗飾，因可能會使而後的塗飾層易被剝離，所以使用於底塗飾時最好混合水會溶脹的黏合劑一起使用。

選用黏合劑除了依據它的特性，尚需考慮它的成膜性。膜可分為兩種：

一、連續性膜

成膜後，類似一張薄片或塑膠黏在革面上，膜沒有任何的洞孔或斷裂。大部份的樹脂膜屬這類型的膜，光澤性佳，乾、濕磨擦性好。

二、不連續性膜

酪素，或酪蛋白類的產品都屬這類型的膜。塗飾後革的外觀自然，手感佳，離板性好，粒面細緻，但光澤性低，乾、濕磨擦性差（除非有良好的固定工序）。

想移除黏合劑所形成的膜，連續性膜可用多量的溶劑，而不連續性膜可使用多量的水，經擦拭後即可消除，消除的現象不外乎有兩種：

1. 伴隨溶劑或水的蒸發而消失。
2. 被溶劑或水吸收而滲入革內。

如果將黏合的塗飾漿稀釋，使稠度較淡，則黏合劑滲入革內較多，和皮纖維的黏合效果較佳，但革面較不平滑。反之！黏合塗飾漿的稠度較濃時，則對粒面的封層效果（Seal effect）較佳。

黏合劑的種類

一、天然的黏合劑（Natural Binder）

1.酪素（酪蛋白Casein）

來自乳製品是一種非常重要的塗飾材料，成膜性屬非熱塑性及不連續性。可當作黏合劑及打光劑使用，但不可以於第一次的打底塗飾漿內，當黏合劑使用，因對粒面具有填充作用，常會造成珠面的負載過重（Overloading），而使觀感類似使用硝化纖維塗飾劑塗飾的革（Doped Leather），而且手感較硬，故第一次打底的塗飾漿最好不要含有酪蛋白（Casein free）。酪蛋白乳類內的脂肪（Fat）可當作增塑劑或打光玻璃輥或瑪瑙輥（Glazing Jack）的潤滑劑使用。如將甲醛（Formaidehyde）添加入酪蛋白溶液內，則會形成不溶性的化合物，塗飾時即藉此反應使酪蛋白膜形成不溶性而被固定，且稍具防水性（Waterproof）。大部份的金屬鹽會使酪蛋白形成沉澱，所以經鉻鞣或鋁鞣後的胚革，塗飾時如需使用酪蛋白，必需懂慎小心的使用。

2.蟲膠（Shellac）

介殼蟲（Scale insect）分泌於樹枝上生成的天然樹脂（Resin）。常被混合於其他樹脂而使用於溶劑性硝化纖維光油（或乳化型光油）塗飾的底塗。稀釋蟲膠的溶劑是較低度的脂肪醇類（Lower Aliphatic Alcohols），也可使用碱性溶液稀釋，但蟲膠大多使用於需有打光要求的塗飾工藝。

3.膠（Glue）

各種蛋白質狀物質的膠狀懸浮水溶液，來自獸皮，腱（Tendon），骨，軟骨（Cartilages），魚皮，魚骨及由大豆蛋白質制成的植物膠等。魚膠的黏合力最佳，但是色彩差，魚腥味重。膠可當作填充劑使用。

4.黃蓍膠（Tragacanth Gum）

來自灌木（Shrub）的液汁（Sap）。主要是當作粒面或剖層纖維張得很開的填充劑，例如磨面（砂）中牛革（Buffed Kip）或中牛剖層革（Kip Split）。

5.角叉菜或鹿角菜（Irish Moss或Carrageenan）

亦稱愛爾蘭苔，來自鹿角菜的海藻或愛爾蘭苔的海藻。可當作填充劑或打光塗飾的底塗劑使用，但手感可能似紙張一樣的乾燥，而色調也會較鈍。

6.藻膠酸鹽（Alginates）

取自含碳酸鈉的海藻。可當增稠劑，及貼板乾燥法的貼板漿（Paste for Paste drying）。

7.角豆樹脂（Tragasol Gum）

取自莢豆（Locust Bean）。乾燥後呈無色，柔韌的膜。主要使用於肉面層的塗飾及當作貼板乾燥法的膠黏劑。

8.甲基纖維素（Methyl cellulose）

由纖維素轉化而成。有纖維素的甲醚（Methyl ether of cellulose），羥乙基纖維素（Hydroxy ethyl cellulose）或其他，呈灰白色纖維狀粉末。塗飾時主要是當作填充劑或增稠劑使用，也可當作貼板乾燥的膠黏劑，或打光塗飾的底塗劑，但因吸濕性強故乾、濕磨擦性差。

9.亞麻子（Linseed）

煮沸亞麻籽（Flax seed）即可得到含有亞麻仁油（Linseed oil）及可當作乳化劑和使膜呈軟性膜的天然磷酸鹽黏液。可當作填充劑及打光塗飾的底塗劑使用。使用於一般塗飾時成膜性軟，但消光性能（Matt effect）強。

二、樹脂（Resin）

樹脂是塗飾漿內最主要的成膜劑，亦是揩漿或滾筒塗飾最主要的引導物，常用的樹脂有丙烯酸樹脂（Acrylics）或聚丙烯酸樹脂（PolyAcrylics），氨基甲酸乙酯樹脂（Urethane Resin）或聚氨酯樹脂（Polyurethane），丁二烯（Butadiene），氯乙稀（Vinyle Chloride）。一般常選用丙烯酸樹脂，或曲折性，抗水性和韌性較好的聚氨酯樹脂。由於樹脂很少單獨使用，故選用時需注意樹脂彼此之間的相容性（Compatibility）及對各種機械操作的穩定性。如果樹脂不因溶劑的存在而產生沉澱的話，則會增加滲透性及黏著性。通常大多數是選用丙烯酸樹脂和聚氨酯樹脂混合，但由於聚氨酯樹脂的價格比丙烯酸樹脂貴約2～3倍，為了節省成本，大多以60份的丙烯酸樹脂混合40份的聚氨酯樹脂使用，如此的混合亦可得到較佳的滲透性、抗冷性、曲折性及黏著性等等。

樹脂分散液（Resin Dispersion），或樹脂乳液（Resin emulsion），或樹脂溶液（Resin solution）的特性是固成份高（35～40%），但稠度低，使用方便，對粒面的填充力小，經塗飾後，水能漸漸地滲入皮內，使樹脂的成份慢慢地增加，樹脂的顆粒，因互相吸引的關係，便漸漸地成膜，又因揮發乾燥的速度較慢，塗飾液較有時間滲入，所以對粒面的填充力較小。

選用的樹脂最好具有高程度的曲折性（柔勒性Flexibility）和延展性（Stretch），如此革面才不會因曲折而龜裂，另外工藝上雖添加了相關的顏料及其他助劑，但是不但不會影響它的曲折性及延展性，反而能得到更好的遮蓋性及在某種程度內尚能維持其天然的摺紋，外觀及手感。

如果選用的樹脂屬熱塑類的樹脂，則需經熱壓處理，方能得到平整性的粒面，不過有時需添加蠟或較硬的樹脂藉以防止因熱壓產生黏版，導致損傷粒面。

丙稀腈（Acrylonitrile），苯乙烯（Styrene）或丁二烯（Butadiene）樹脂都具有極佳的壓花性，但可能需添加些少量的蠟劑，也或許一點也不用添加，視所選用的品級。

聚合作用（Polymerization）

將無色，易揮發且化學結構簡單的單體分子乳化於水裡，再將這兩個或更多個單體的乳液加熱，同時混合使單體分子因強烈的共價反應，而結合成大分子的聚合物（Polymer）即聚合作用（Polymerisation）。如果有操作熟練的聚合作用，則聚合物分子滴的大小比較均勻。假如單體的分子滴小，聚合後的分子滴也小，那麼這一類聚合物的分子滴常比單體的顆粒分子滴小，如果其分散液的穩定性也不錯的話，則其優點是成膜的黏合性佳，且滲透性好。聚合物有適於塗層膜的乳液，及適於飽飾（Impregnation）的溶液（呈透明狀或半透明狀）。

如果添加少量的小聚合物於大聚合物內，則小聚合物可被視為大聚合物的增塑劑（plastcizer），亦即可溶解，或稀釋，或軟化大聚合物，形成的膜將是軟而黏，但是老化期間，如果小聚合物慢慢地揮發消失的話，則成膜會變硬。

共聚作用（Copolymerization）

塗飾漿內所使用的樹脂，很少僅僅使用單一聚合物的樹脂就能得到真正希望的塗飾特性，所以常使用兩種以上不同的聚合物或樹脂於塗飾漿內，祈能得到真正所需的特性，為了符合經濟的原則及達到目的，可將兩個以上的單體聚合物經共聚作用後，聚合成一個共聚物，例如：將一個硬的單體聚合物和一個軟的單體聚合物，共聚形成一個中軟硬程度的聚合物，稱此聚合物為共聚物，或共聚合物。

共聚作用的目的及方法是將兩個以上的單體依所要求的分子比例混合在一起，爾後添加皂，或陰離子性的潤濕劑，用水分散、乳化，但是如果分子的顆粒是非常的細緻，就得添加催化劑，提高溫度至膠質粒子能產生共聚作用的溫度，爾後每一膠質粒子便會結合成樹脂的單一顆粒而懸浮在乳液中，當溫度降低則樹脂的顆粒不再彼此親合，但仍呈懸浮狀。使用共聚作用的其中目的之一就是不需要添加增塑劑（Plasticizers）即能增進樹脂或黏合劑的曲折性和柔軟度的特性，因使用增塑劑的樹脂或黏合劑會於塗飾後呈不穩定狀，但是一段時間後能漸趨穩定，而且特性可能也會有所變化。

由「附表：一」我們可知丁二烯（butadiene）和苯乙烯（styrene）的共聚物可能具有類似丙烯酸乙酯（ethyl acrylate）的曲折性和熱塑性，但抗水性及抗溶劑性較佳，不過日光牢度較差。

丙烯酸（acrylic acid）是一種非常重要的特殊個案。很多丙烯酸乙酯的聚合物都可能含有5～10%的自由丙烯酸，它的作用是：

1. 使聚合分散液具有黏性
2. 有如水溶性的膠體，分散穩定
3. 添物氨水，會形成較黏的氨鹽

加強穩定性或改善塗飾的揩漿性，遮蓋力，增加成膜對水的敏感性有利於爾後水溶性聚合分散液塗飾的黏合力，但會降低滲透性。

共聚作用後，大多數的樹脂顆粒的大小約0.2微毫米，而乳液的固含量約40～50%，乳液於高溫或低溫都非常穩定。不同聚合物或樹脂原有的特性，經共聚作用後的共聚物則含有每一參與共聚作用材料的特性，所以使用性很廣泛。如果聚合物是由取代乙烯（Ethylene）的單體化料聚合而成，則因為於聚合作用時可添加其他成分，更能增加取代乙烯（Ethylene）的單體化料的特性，例如硬度、曲折性和延展性等等，舉例取代乙烯（Ethylene）的單體化料及聚合後所形成的化料如下；

單體（Monomer）		樹脂（Resin）
氯化乙烯（vinyl Chloride）	$—CH_2—CH(Cl)—$	聚氯乙烯（Polyvinyl Chloride）
苯乙烯（Vinyl Benzene（Styrene））	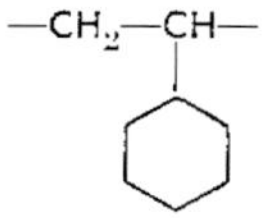 $—CH_2—CH(C_6H_5)—$	聚苯乙烯（Polystrene）
丙烯酸酯類（Acrylic Esters）	$—CH_2—CH(C(=O)—OR)—$	聚丙烯酸酯類（Polyacrylates）
丁二烯（Divinyl（Butadiene））	$—CH_2—CH=CH—CH_2—$	合成橡膠（Synthetic Rubber）

共聚物（Copolymer）：聚氯乙烯和聚醋酸乙烯酯都是使用共聚法調整樹脂能達到某一程度的延展性和硬度。氯化乙烯可溶於有機溶劑，成膜較韌，和硝化纖維的作用類似常被使用於頂塗層。丁二烯的聚合物會被聚合成柔軟，具樹脂性的合成橡膠，然而因太軟無法使用於革類的塗飾，但是可以和使用對革類塗飾的成膜因太硬、易脆，而不被採用的苯乙烯（Styrene）共聚，形成

較硬些的樹脂。是故能以適當的比例混合單體的材料經共聚作用後，即能得到所祈望的共聚物。

樹脂分散液（Resin Dispersion）

粒面上形成膜的特性取決於所選用聚合物的類型及成膜的部位，如頭，頸，背，腹，臀部等。聚合物分散液的濃度，即固成分，不會直接改變聚合物分散液的黏度。如果聚合物分散液的固成分是40%，屬低黏度，猶如2%的酪素溶液，而且像水一樣易傾注。

粒面如呈酸性，或單寧性，或具有鹽類，則大多數的聚合物分散液都會傾向於凝聚，因而增加了膜的形成性。膜的形成取決於凝聚的速度，而不是黏度的增加。有經驗的工程師常會滴一滴塗飾漿在手掌上並用手指擦拭，直至發黏，所需的時間，大約就是形成膜所需要的時間。

由上解說，便可知道黏合劑內分子滴間凝聚能力的重要性。依據化學的組成及聚合物分子的大小及形狀，通常較好的凝聚能力是軟性的熱塑黏合劑。我們一定不可以將工業上使用的聚合物分散液內分子的大小都視為一樣，及認為較小的分子可軟化或塑化較大的分子。另外「結合（coalescence）」也需要依據聚合物的分子滴和水介質二者之間交界面的樣式，分子滴的大小扮演者決定二者結合後的緊密程度。當以聚集達到結合的思想考慮時，則不可規隨著「分子越細微，效果越強」的信念，因大小粒子的混合也能得到最適宜的結果。

有些聚合分散液和其他塗飾成分混合後，例如：顏料漿或染料水，可能會「凝結成團（Clumping）」，或改變它的顆粒大小，故使用前，需先測試。

屬於連續性膜的塗飾劑，例如：光油，如因使用量少，或周遭風乾／熱乾，導致無法流遍全粒面，但是不影響膜的連續性，只是形成的膜將會是多孔的、網織帳幔似的結構，因而降低了膜的強度，但卻增加了膜的伸縮性。這種多孔性膜的益處，最重要的是不僅能透氣，而且也是塗飾過程中所需要一種類似的膜，因水溶性塗飾時，乾燥後底塗層必需有能力吸收第二塗層的水分，否則無法達到完全和第二塗層膜黏合的效果。由於這種熱可塑黏合劑的多孔性膜經熱壓後，即會增加聚合物分子顆粒的流動和結合，減少了膜的多孔性，進而成就了第二層膜的塗飾及和第一層膜的結合。

假如連續性膜的塗飾漿內含有顏料，蠟劑，酪素和其他助劑的顆粒將會降低膜的連續性，反而成為具有滲透性的膜，或具有回濕性的膜。一般黏合劑和顏料使用的比率約為2：1（以固含量為基準）。過多量的黏合劑常會增加光澤度，加強膜的強度，但是會降低滲透性或回濕性。酪素，或猶如表面活性劑的硫酸化油等添加物將傾向聚集於交界面，或被吸收於革內，因而對特殊效果的使用量很難判斷，必需事先測試。

這類型連續性膜最重要的優點如下：

1. 能使用最便宜的水為介質，乾燥後所形成的膜，變成水不溶性。

2. 不使用柔軟劑或增塑劑，最後形成的膜所具有的曲折性或伸展性，至少和粒面原來所具有的程度一樣。
3. 對粒孔張開（open grain）革，磨面革（buffed grain）或修面（corrected grain）革等具有很佳的封蓋性能（sealing property）。尤其是半邊修面革（corrected grain side leather）,如果不使用它則無法得到非常適宜及水不溶的曲折性，而且成本低。

使用於皮革上的塗飾樹脂大多數屬於陰離子性的分散液（anionic dispersons），所以可以和陰離子性的酪素溶液（casein solution），顏料漿，酸性染料，蠟劑等相混合。分散劑可能是硫酸化的脂肪醇類，皂類，有時也可添加些少量水溶性具有保護性的膠體，藉以增加黏度性，例如：酪素，聚丙烯酸鹽等，如此的產品對酸性條件的沉澱性或聚集性，於PH值高時，有陽離子出現時，鹽類的濃度較高時及有高濃度的醇類、酮類或其他溶劑時的穩定性較佳。皮革塗飾時分散性的穩定性是非常重要的因素，可利用PH，分散劑或保護性膠體的使用量加以改善。

假如使用非離子分散劑，則上所述的條件更加穩定，而且對酸或陽離子性鉻鞣革的滲透性強，另外陰離子助劑和陽離子助劑也可以同時存在於塗飾漿內。

陽離子性的界面活性劑可視為陽離子分散劑使用，低PH值時較穩定，但是遇到陰離子則會凝結，例如栲膠單寧，酸性染料，硫酸化油或陰離子樹脂等等，通常都使用於具有非常陰離子性革面塗飾時的封閉層，爾後再使用陰離子性的塗飾劑塗飾。

一般分散性的分子顆粒對皮纖維的網狀組織而言是非常微小的，是故如果穩定佳，則易滲入已完全水合變濕狀的網狀纖維內。

合成的聚合物分散液（Synthetic Polymer Dispersions）

通常合成樹脂經由乙炔（acetylene）或類似石油精煉後副產品衍生而得，再經聚合作用便可獲行透明，柔軟，有彈性但不溶於水的物質。熱塑性類的樹脂經熱處理後會被柔軟化。供應皮革使用的都屬聚合分散液，一般呈乳水狀的乳化液，乳液內皆含有乳化劑，有軟性至硬性全系列的樹脂產品。

乳液如不穩定，則易沉澱而呈澄清液，非常硬的聚合樹脂如沉澱則有如細粉末狀。使用於塗飾上的聚合樹脂如果太軟而不穩定，則會發生凝聚或相黏在一起現象，形成類似塑料的物質。

反應性的聚合物分散液（Reactive Polymer Dispersions）

反應性的聚合物分散液是塗飾界至今仍一直持續不斷地投入研發的一種使用水或便宜的溶劑都很容易，而且成膜後對水或溶劑都不會有敏感性，即抗性佳的黏合劑。

雖然使用交聯劑並經固化後的聚合物比沒使用交聯劑聚合物的耐乾，濕磨擦牢度和抗溶劑性佳，但有變硬的傾向，而且磨擦牢度並不能經常達到有如期望的改善程度，這可能是聚合物所形成的膜是屬於本來強度就比較弱的多孔性膜，及聚合分散液接觸的區域範圍小。改善的方法是聚合物混合時，慎選分子顆粒的大小需適合，才能有較佳的聚集性有利膜的形成。

反應性聚合分散液最好是使用於封底層，爾後再使用溶劑性的上塗飾，特別是聚氨酯塗飾（Polyurethane finishes）工藝。

樹脂乳液（Resin Emulsions）

丙烯酸化合物（Acrylates）通常所要求的性能和特性有：

1. 所形成的膜必須能和爾後的塗飾層接着。
2. 中底塗的膜不能太軟，否則不能保護底塗膜的被擦傷性或磨損性。
3. 具有均勻的封層膜。
4. 膜形成的厚度不能改變粒面褶紋（Break）及觸覺。
5. 膜的厚度不能薄至有輕微向上頂即變色（Pull-up）的效果，當然有些特殊要求的除外，例如變色革、服裝革及手套革等。
6. 不需要特殊的固定處理，即能獲得良好的抗水效果。

含有酸度的丙烯酸化合物，添加氨攪拌後即能增加稠度（Viscosity），這種聚丙烯酸氨（Ammonium Polyacrylate）的作用猶如保護的膠體。熱塑性的丙烯酸化合物可當作底塗劑，經熱壓後，會形成表面很平滑的膜，爾後再使用其他的聚合物

（Polymer）作頂塗（Top coat），但需注意！選用的丙烯酸化合物經熱壓後不能發粘（tacky），否則會損傷粒面，另外需注意抗溶劑性，否則製鞋時會受含溶劑的黏合劑的影響，而被剝離，或鞋頭變軟，故最好混合蛋白類（Protein type）的材料使用於顏料漿的上塗。

樹脂聚合物的分子量越高，膜越堅韌，例如抗擦傷、磨損性越好。塗飾時顏料漿必需選用能適合於丙烯酸化合物。丙烯酸聚合物（Acrylics）的日光牢度（Fast to Light），耐曲折性（柔勒性 Flexibility），抗水性（Resistant to Water），不改變色彩（Colour rentention）的能力都較其他聚合物稍好些，這是因為丙烯酸聚合物的內部已被增塑。丙烯酸乙酯（Ethyl Acrylate）是最廣泛地被使用的聚合物乳液。

水溶性的樹脂乳液安全又容易使用，固含量高（約40%），但稠度低，反之，同樣固含量（40%）的醋酸乙酯（Ethyl Acetate）溶液，稠度就很稠。

丙烯酸樹脂（Acrylic resins）

丙烯酸酯具有高度的延展性，已廣泛地被使用於皮革界。一般由甲基丙烯酸所形成的樹脂也非常接近丙烯酸樹脂的特性，但比較硬，所以常和其他樹脂混合，或共聚，才能達到所希望具有軟度和曲折性的樹脂。

丙烯酸（類）聚合物（Acrylics）是乙烯基族（Vinyl family）內單體（Monomer）的一種從屬膠體粒子（sub order）。

乙烯基族（Vinyl family）

所有含$CH_2=C$結構的單體皆屬於乙烯基群，乙烯基群以各種方式結合其他的基，或根，或原子團（Radicals）即產生最常見的合成樹脂（Plastics），如：

$CH_2=C(H)(C_6H_5)$ 苯乙烯（Styrene），$CH_2=C(H)(Cl)$ 氯化乙烯（Vinyl Chloride），$CH_2=CH_2$ 乙烯（Ethylene）

和其他的單體如異丁烯（Isobutylene），氯丁二烯（Chloroprene）等。

酸或羧基群和乙烯基的根結合，並賦予H+或CH_3+即形成丙烯酸（Acrylic acid）和甲基丙烯酸（Mehtacrylic acid）。

$CH_2=C(H)(COOH)$ 丙烯酸（Acrylic acid），$CH_2=C(CH_3)(COOH)$ 甲基丙烯酸（Methacrylic acid）

另外尚有和乙烯基根結合的丙烯酸類，舉例如下；

$CH_2=CH\text{-}COOCH_3$ 丙烯酸甲酯（Methyl Acrylate），$CH_2=C(CH_3)(COOCH_3)$ 2-甲基丙烯酸甲酯（Methyl Methacrylate）

$CH_2=CH-CN$丙烯腈（Acrylonitrile），$CH_2=CH-CO-NH_2$丙烯醯胺（Acrylamide），$CH_2=CH-CHO$丙烯醛（Acrolein）。

丙烯酸和不同的醇類酯化，即形成丙烯酸酯群。

乙烯基（Vinyl）除了乙烯（Ethylene）外，大多數的結構上是不對稱的（unsymetrical），而是有非晶形質（或非晶體，或無定形質Amorphous）的結構。

丙烯酸乳液

丙烯酸乳液可分為四種基本類型；

一、純丙烯酸聚合物，無交聯性（架橋性Cross Linking）

二、反應性丙烯酸聚合物（Reactive Acrylics）

丙烯酸聚合物再經不飽和的羧酸（Carboxylic acid），例如：衣康酸（Itaconic acid），丙烯酸或甲基丙烯酸，進行共聚作用即可獲得。交聯性需經由含有酸群的環氧基（Epoxy），但一般常使用經甲醛縮合的含甲醇基樹脂，如氰胺樹脂，因乾燥處理時會釋出甲醛。添加交聯劑後的膠黏性適用期短。

三、自行交聯的丙烯酸聚合物（Self Cross Linking Acrylics）

這類型的丙烯酸聚合物，本身已被催化過。適用期（Pot life）可謂是無限定的，但需依據PH值，固含量及溫度使用。

四、離子交聯的丙烯酸聚合物（Ionic Cross Linking Acrylics）

一般的交聯反應屬共價（Covalent）交聯，但是非傳統性的離子交聯效果也能利用使二價的金屬鹽和含聚合物的酸起反應而獲得。

【註】

1. 溶液、分散液和乳液的區的大致如下：
   (1) 外觀：溶液清澈、分散液混濁半透明、乳液成乳白（黃）狀。
   (2) 滲透：溶液＞分散液＞乳液。
   (3) 微粒：溶液（最微細）、分散液（次微細）、乳液（微細）。
2. 附表二：塗飾化料的物性、使用的革類及工序

【注意】

經由聚合物的分子結構，我們能夠了解化學反應的結果，但是樹脂黏合劑的乳化屬性明顯地比聚合物的化學組成重要。我們知道黏合劑顆粒的大小，抗膠體的凝聚，抗物理性（如機械），抗冷性，抗金屬鹽及抗酸等特性就如同含有分散性的聚合物組成裡，如何取得正確的接合膜一樣的重要。如果從氯化乙烯（Chlorinated Ethylene）和丙烯酸化合物所形成的共聚物都具有抗應力（物理或機械 Machanical Stress）及抗電解質（Electrolyte）的特性，曝光後，顏色則會從淺黃色變成棕色。

乳化劑（Emulsifying agent）或分散劑（Dispersing agent）

有陰離子，非離子，及陽離子三類型。除了陰離子可使用羧酸鹽（Carboxylate）和硫酸鹽外，例如聚丙烯酸酯銨或鈉（Ammonium or Sodium Polyacrylates），硫酸化油，或硫酸化醇（Sulphated Alcohol），其餘的非離子，及陽離子二類型大都屬於商業產品。

二烯類（Dienes）

屬直鏈化合物（烯Alkene）。乳液聚合法類似樹脂乳液的聚合法，藉以製造適合於塗飾使用的丁二烯和丙烯晴及丁二烯和苯乙烯的共聚物，這些共聚物的塗飾革手感很類似橡膠。

丁二烯和丙烯酸酯（Acrylate）混合形成的膜柔軟，但不耐磨耗，且稍傾向於變黃。

丁二烯／丙烯酸甲酯混合形成的膜於氣候冷時尚能維持彎曲，柔韌性，溫度高時不發黏。一般磨面（砂）革的塗飾或硝化纖維塗飾的底塗都使用這種能使膜具有柔韌性的樹脂，而且都採取「噴（spray）」塗法，當然剖層革（榔皮Splits）則先「揩漿（Padding）」，「刷漿（Brushing）」或「滾漿（Roller Coat）」後，再「噴漿（Spraying）」。

乙烯基類（Vinyls）

不含顏料的聚氯乙烯樹脂（Polyvinyl Chloride resin）可當作傢俱革（沙發革Upholstery）的頂塗光油使用。乙烯化合物的高聚合物可使用於底塗當作填料劑使用，尤其是針對毛孔的填充。如將乙烯化合物和丁二烯混合，再用氨水增稠，所形成的膜將是韌而不發粘，抗磨耗（Abrasion），手感平滑，高光澤，抗脹性強，但曝晒後會變黃。

苯乙烯類（Styrenes）

單體苯乙烯的膜是相當的硬，但抗水性，抗溶劑性及日光堅牢度佳。

丙烯腈類（Acrylonitriles）

同苯乙烯一樣，丙烯腈單體溶液的膜也是相當的硬，但抗水性，抗溶劑性及日光堅牢度佳。

聚氨酯類（聚氨基甲酸乙酯Polyurethanes）

有機化學中因不穩定性而成為氨基甲酸類（Carbamic acids）的僅可能形成酯類，稱氨基甲酸乙酯（Urethane），一般的化學式是；

```
       OR
      /
    C=O
      \
       N <
```

（R＝反應基群）

經由其化學式便可知道它意謂著是代表屬於一種廣義的碳酸酯類。最簡單的線性聚氨酯化學式如下：

```
             O   H          H   O                    O   H
             ‖   |          |   ‖                    ‖   |
O－R2－O－C－N－R1－N－C－O－R2－O－C－N－R1
```

氨基甲酸乙酯的連結（Linkage）處是劃線下方，結合其他比二元物質（dibasic materials）性能高的聚合物，即能製成連結兩個或多個不同程度的連接劑（架橋劑Crosslinking agent）。早期大多數商業上生產氨基甲酸乙酯連接劑的方法是使異氰酸鹽的根（Isocyanate－N＝C＝O－）和醇根反應得來的。）

聚氨酯（聚氨基甲酸乙酯）的釋義是添加，如聚酯二醇類（Glycols Polyester）和聚醚類（Polyethers）等，於聚異氰酸鹽和多羥基（Hydroxyl）化合物（至少每分子含二個以上的羥基群）之間的反應內所得到的聚合物

聚氨酯樹脂的產品種類多，所形成的膜由軟至硬都有，且抗老化性佳，但都屬熱塑型合成樹脂。常使用於皮革的塗飾尚有：

1. 異氰酸類型
2. 聚酯類型：酯數量多的聚合樹脂膜，柔軟且具伸縮性，酯數量少的則硬。兩者混合的適用期（Pot life）只有一天。

塗飾如果完全使用聚氨酯（聚氨基甲酸乙酯）或這類型的樹脂時必需注意空氣中的塵埃，因為有些這類型的樹脂於噴塗後需隔夜才能乾燥，另外最好不要使用具有色彩的光油，否則會失去色彩的光澤性。

使用聚氨酯（聚氨基甲酸乙酯）的塗飾，黏著性非常好，能改善粒面的摺紋，高光澤，抗磨損性，抗水性及抗溶劑性佳，不同溫度的條件下有各種不同的曲折性，革面平滑，手感似綢，但如添加助劑使聚氨酯膜更加柔較或硬，則膜可能仍具光澤性，也可能被消光，而且手感呈油蠟感。

能使革製品容易保養的塗飾，例如「易保養塗飾（Easy care Finishing）」，也能添加聚氨酯膜，然而所使用的聚氨酯膜必需是被歸納屬於這類型的塗飾黏合劑。

聚氨酯亦可使用於反絨革（Suede Leather），藉以固定未被拋除的磨皮粉，進而增加乾磨擦堅牢度。

【注意】

全部使用聚氨酯噴塗時，噴槍距離革面不能太遠，約9～12吋，否則當聚氨酯噴霧抵達革面時，可能已成粉狀，同樣的，使用聚氨酯光油（Polyurethane Lacquer）噴塗時氣壓不能太高，距離也不能太遠，約6吋。塗飾液含聚氨酯固含量低（2～7%）的黏著性比固含量高的佳。

【註】

後頁：附表一及表二（F：尚可，G：佳，E：極佳）
附表一：一般單體的特性
附表二：塗飾化料的特性，使用的革類及工序

附表一　一般單體的特性

單體（Monomer）	曲撓性（Flexibility）	熱塑性（Thermoplasticity）	對水的牢度（Water Fastness）	日光堅牢度（Light Fastness）	抗溶劑牢度（Solvent Resistance）
丙烯酸甲酯（methyl acrylate）	好	高	好	很好	溶於酯、酮及各種溶劑。
丙烯酸乙酯（ethyl acrylate）	很好	很高	好	很好	和丙烯酸甲酯一樣
丙烯酸丁酯（butyl acrylate）	確實非常好	很高	很好	很好	和丙烯酸甲酯一樣
丙烯酸（acrylic acid）	差	差	高PH值時溶於水	很好	溶於鹼性水液，液体會變黏。
丁二烯（butadiene）	好	相當高	好	會變黃	碰到酮和芳族溶劑會產生膨脹
丙烯腈（acrylonitrile）	硬	尚可	好	好	抗溶劑性相當好
苯乙烯（styrene）	相當硬	尚可	很好	好	抗溶劑性好

附表二　塗飾化料的物性、使用的革類及工序

	物性								革類使用方面						塗飾使用方面				
	flexibility 曲折性	Adhesion 黏合性	Dry abrasion 乾磨擦牢度	Wet abrasion 濕磨擦牢度	Cold crack 抗冷龜裂牢度	Surface feel 表面手感	Break 摺紋性	Filling 填充性	upper leather 鞋面革	Soft upper leather 軟面革	Upholstery leather 沙發，裝潢革	Patent leather 漆革	Calf 小牛皮	Kid 小山羊皮	Base coat 底塗	Color coat 有色塗飾	Spray coar 噴漿塗飾	Topcoar 頂塗飾	Impregnant 飽飾
溶劑類Non-aqueous																			
乙烯光油 Vinyl lacquer	E	E	E	G	E	E	—	—	×	×	×				×	×	×	×	
硝化纖維光油 Nitrocellulose lacquer	G	E	G	F	F	E	—	—	×	×						×	×	×	
硝化纖維乳液 Nitrocellulose emulsion	E	G	G	F	F	E	—	—	×	×			×	×			×	×	
聚氨酯 Polyurethanes	E	E	E	E	E	G	E	E	×			×			×	×		×	×
水溶性系列Aqueous-system																			
丙稀酸乳液 Acrylic emulsions	E	E	E	E	E	G	G	E	×	×	×				×	×	×		×
聚醋酸乙烯酯 Polyvinyl acetalte	G	G	G	F	F	G	F	G	×	×					×	×			
偏二氯乙稀 Vinylidene chloride	E	F	E	E	G	E	G	G	×	×					×	×			
苯乙烯－丁二烯樹脂 styrene butadiene	E	G	F	F	E	F	F	F	×	×					×				
聚氯酯乳液 Polyuret hane emulsion	E	E	G	G	E	G	E	E	×	×					×	×			
酪素 Protein	E	E	G	F	F	E	E	E					×	×				×	

第 5 章

光油（Lacquer）、溶劑（Solvent）、稀釋劑（Diluent或Thinner）

硝化纖維光油（Nitrocellulose Lacquer）

纖維素（Cellulose）大多來自植物性的纖維，例如硝酸纖維素（硝化纖維Cellulose Nitrate）是將棉花，棉纖，毛漿和紙等物質用硝酸（Nitric acid）／硫酸混合處理後制成的，如用醋酸處理則是形成醋酸纖維素（Cellulose Acetate）。經制造後的硝酸纖維素必需洗淨殘餘的硫酸，否則會縮短以後成膜的有效期。

硝酸纖維素（Cellulose Nitrate）和醋酸纖維素（Cellulose Acetate）兩者都和纖維素的酯有關連，黏度（Viscosity）越高，填充能力越低，還有膜的伸縮性（Elasticity）和抗龜裂性越好，光澤度越差，同時溶解度也可能會受影響，所以使用前必須用溶劑稀釋它們的黏度。

醋酸纖維素的應用沒有硝酸纖維素的廣泛，因價格較貴，但是較安全，而且醋酸纖維素的膜不易燃，黏著性佳，壽命長，不變黃，例如醋酸丁酸纖維素（CAB Cellulose Acetate Butyrate），另外使用的稀釋劑和溶劑也比使用於硝酸纖維素的價格低。

硝酸纖維素光油最好不要添加染料使用，因使用的溶劑可能導致染料流失。添加少許的顏料使用，則會增加遮蓋力。

纖維素光油不能使用於純酪素（酪蛋白Casein）的塗飾，因黏著力低，但可使用於樹脂／酪素的頂層塗飾，黏著力極佳。

使用含低沸點溶劑的纖維素光油噴塗於革面上時需控制距離，否則會削弱膜的光澤性，另外噴槍口太細或噴量太少也會影響膜的光澤性，反之，使用含高沸點溶劑纖維素光油的噴塗，距離需縮短，噴槍口需較大，且噴量需較多如此才能增加膜的光澤性。纖維素光油的膜具有軟性，中軟性及硬性等各種膜。

有些已經被合成化且能溶解於醇（乙醇酒精）的酰胺纖維（尼龍Nylon）樹脂類，可配合纖維素光油的膜使用，或單獨使用於封層塗飾，藉以改善革的抗磨損性。

使用硝化纖維塗飾最大的優點是抗水性佳，如果以聚合物為底塗，而將硝化纖維塗飾當作頂塗，亦能達到抗水的目標。將著色後的硝化纖維光油使用於傢俱革（沙發），壓花紋革及裝飾（用品）革（Fancy leather）的頂塗，則可達到双色效應（Two tone effect）及抗水的效果。硝化纖維所形成的膜是不透氣（空氣及水氣）的，所以較不適用於鞋面革，及服裝革。硝化纖維塗飾的抗乾洗性亦不佳，因乾洗的溶劑會去除膜的增塑劑或柔軟劑。

硝化纖維乳液（Nitrocellulose Emulsion）

分溶劑型的水溶性及純溶劑性兩種。含有乳化光油塗飾的乾燥時間，可能比不含溶劑類塗飾的乾燥時間較長些，但是一但乾燥後所形成的膜卻比較耐用，不易損害。溶劑型的水溶性乳化光油對吸收性較差的胚革具有濕潤均勻的效果，亦即流平性佳。

如果想同時使用這兩種硝化纖維乳液，最好是分別使用，或則配合樹脂塗飾使用，但是當和樹脂塗飾混合使用後，則會產生消光的效果（Matt effect）。硝化纖維乳液必須具有的一般特性如下；

1. 溶劑型的水溶性乳液，其溶劑的揮發必需比水慢。
2. 純溶劑性乳化光油不能溶解於水，也不允許含有任何水滴。
3. 硝化纖維乳液可藉非離子，或離子性的濕潤劑，或具保護性的膠體趨於穩定。

硝化纖維乳液屬透明膜，可使用於苯胺塗飾，也可添加非常微細且已分散的顏料而使用於其他類型的彩色塗飾，日光堅牢度也比使用染料或其他乳化型的塗飾佳。

假如將已著色的硝化纖維乳液塗飾於色彩較淡的顏料塗層上，則會有一種非常吸引人，且具有稍微變色的苯胺效果（Light Pull up Aniline effect）。

硝化纖維乳液的塗飾其黏著性一般比酪素（酪蛋白）的塗飾佳。消光性的硝化纖維乳液，因本身的色相多樣化，可能會有一種類似「蛋殼（Eggshell）」的塗飾效果。

水溶性的硝化纖維光油乳液（O/W type Nitro-cellulose Lacqer Emulsion）

反對使用溶劑性硝化纖維光油的原因是必需使用價格貴，且又易燃的溶劑稀釋才能使用。基本上準備硝化纖維光油乳液的工藝，最初是聚集混合硝化纖維，增塑劑，軟化劑和不溶於水的溶劑，混合後再用乳化劑及能幫助乳化的機械（高速攪拌器）使混合物乳化於水即可。老式的典型製造配方大約如下；

7份	二硝化纖維（dinitro-cellulose）
4份	純增塑劑（true plasticizer）
1份	柔軟劑（softener）
16份	醋酸丁酯（butyl acetate）
33份	高沸點的溶劑，例如：異醋酸辛酯（iso-octylacetate）

混合後用含0.3%非離子乳化劑的27份水乳化，即可得到白，而頗為流質狀的乳液，使用時只需以等量的水稀釋即可。

乳化型光油大多使用於以聚合物為底塗層的上塗層工藝，藉以改善壓板性（不會粘板），乾、濕磨擦牢度，及悅人的手感。更因為本身含有溶劑，所以對聚合物為底塗的黏合性很好，但是不能使用於以酪素為底塗的塗飾。一般可混溶於塗飾用的聚合分散液。也可添加用有機溶劑，如異丙醇（isopropanol），稀釋少量的染料加以着色。

溶劑性的硝化纖維光油乳液（W/O type Nitro-cellulose Lacqer Emulsion）

不溶於水，故使用前必需用有機溶劑稀釋。老式的典型製造配方大約如下；

6份	二硝化纖維（dinitro-cellulose）
1.2份	純增塑劑（true plasticizer）

1.2份	己氧化的蓖麻油（blown castor oil）
45份	醋酸丁酯（butyl acetate）
7份	異丁酮（iso-butylketone）
23份	二甲苯（xylol）

混合後再用含1～2份乳化劑的13份水乳化。

使用前需用等量（大約）的醋酸丁酯或稀釋劑（Thinners）沖淡。不溶於一般水溶性的塗飾劑，可使用溶劑性的染料著色，膜的形成性和一般溶劑型光油類似，但較多孔性的手感較佳。常使用於要求高光澤及乾、濕摩擦牢度俱佳，並以聚合物為底塗飾的上塗層，亦可改善水溶性硝化纖維乳化光油的光澤度。

【註】

一般使用於所謂「易保養皮革的塗飾（Easy care Finishing）」，大多使用硝化纖維乳液類型的塗飾法。水溶性的有機溶劑一般使用「乙二醇Ethylene Glycol（E.G.）」。

聚氨酯乳液（Polyurethane Emulsions）

聚氨酯乳液相容於水溶性的硝化纖維光油乳液，或聚合物。成膜的耐用性、抗磨損性、耐低溫特性、延展性及抗老化性極佳，這些特性是永久的，即使變乾也不會改變，因為屬內增塑性，故已廣泛地被使用於一般塗飾的頂層塗飾。主要是使用於鞋面革，服裝革及傢俱裝潢革（沙發革等）的頂塗飾。

溶劑（Solvents）

雖說因環保及安全的問題，現在多以不使用溶劑為主，但是以技術工程而言，我們必需了解「溶劑」以備萬一需要使用時，才能知道如何選擇？及如何執行安全的措施。

溶劑是一種具有揮發性的液體，能溶解樹脂、光油，使原本是固態或稠漿態的溶質溶解成稀薄的溶液以便使用於噴塗或刷塗。

纖維素噴塗所使用的溶劑，都是使用二種以上溶劑混合的稀釋液（Diluents），因單獨使用一種溶劑是無法滿足各種條件所需，如稀釋後的黏度，揮發的速度等等。

有關溶劑的揮發率（Evaporation rate），特性（Property），水溶性等等對膜成形的技術具有顯著的效應。（如附表：三）

一、揮發率（Evaporation rate）

如果揮發率太高，則光油滴可能尚未達到革面，即已揮發乾了，所以一般都採用高揮發率及低揮發率混合使用。低揮發率是使光油有足夠的時間在革面上流動，形成均勻、平滑而有光澤的膜後，高揮發率再進行最後的乾燥，使膜的形成完全。

硝化纖維素和它的增塑劑都不能溶於水，如水進入硝化纖維素和它的增塑劑所形成的膜，則成膜會有水點（白點），或形成霧朦朧似的膜，俗稱「發白（Blushing）」，故如標示有高水溶性的溶劑，要避免使用於溶劑型類的黏合劑或光油。

二、閃點（Flash point）

指溶劑的蒸發氣和飽和的空氣混合後會產生燃燒的溫度，亦是溶劑貯藏時決定火災危險性的溫度，閃點越高，安全性越高。

三、毒性（Toxicity）

有些溶劑的煙氣，假如因操作人的吸入，可能因具毒性導致影響到操作人的生命，或危害到操作人身體的健康，使用前需考慮及注意到這一項。

四、沸點（Boiling point）

溶劑可分類成沸點低於100℃（Boiling point）溶劑、沸點在100～150℃溶劑、150℃以上高沸點溶劑等三種。

1.沸點低於100℃

溶劑會降低稀釋後樹脂或光油的黏度，以便噴塗，氣味宜人，但揮發率高、乾燥快，例如：醋酸甲脂、醋酸乙脂、酒精、丙酮、苯、異丙醇。

2.沸點在100～150℃之間

溶劑可增加稀釋後樹脂或光油溶液的流動性，例如醋酸丁酯、甲苯、二甲苯等。

3.沸點在150°C以上的溶劑

揮發率低，乾燥慢，成膜後膜具光滑性且有光澤，可防止因空氣冷卻，水凝結在膜的表面，導致膜發白或被破壞，例如：環己酮、乳酸乙酯。

低沸點溶劑的價格比高沸點溶劑的價格低，但稀釋後溶液的黏度（Viscous）較低，不過沸點過低，噴塗乾燥後的膜會形成變紅（Blushing）或發白（Clouding），這是因膜和空氣中大氣壓內的濕氣凝結形成。一般使用低沸點溶劑的光油所形成的膜大多是鈍或消光的膜，而高沸點溶劑則是具有光澤性的膜，但是現在也較少人使用低沸點溶劑，因易著火，及火險費高。

現在溶劑的分類大多以揮發速率（Evaporation rate）為準，因溶劑對光油的作用，採用揮發速率比使用沸點更易了解及操作，而且沸點並不經常相應於揮發率。選用溶劑應注意；溶劑的能力，沸點，揮發速率，閃點（Flash point），自燃溫度（Auto ignition Temperature），爆炸極限（Explosive Limit），可利用性（Availability），以及價格（Cost）。

著火危險性的的程度是依據溶劑混合稀釋液的易燃性及纖維素光油是否屬高閃點（22.7℃以上）。有些增塑劑（Plasticizers）亦屬易燃物。

持續的吸入溶劑和／或稀釋液所揮發出的煙汽會導致頭痛，噁心和作嘔，所以噴塗房及溶劑混合間需要有良好的通風設備。

一般使用於硝化纖維素的溶劑

一、酮類（Ketones）

1. 環己酮（Cyclohexanone）
2. 甲、乙酮（Methyl Ethyl Ketone MEK）
3. 甲基環己酮（Methyl Cyclohexanone ）
4. 甲、異丁酮（Methyl iso butyl ketone）
5. 丙酮（Acetone）
6. 丁酮（Butyl Ketone）

二、酯類（Esters）

1. 醋酸甲酯
2. 乙酯
3. 丁酯（Methyl，Ethyl，Buthyl Acetate）

三、乙醇醚類（Ether Alcohols）

1. 乙氧基乙醇（Ethylene Glycol monoethyl Ether）
2. 丁氧基乙醇（Ethylene Glycol monobuthyl Ether）

四、乙醇醚酯類（Ether Alcoholesters）

1. 二元醇類（Glycols）如甲基（Methyl），乙基（Ethyl），丁基（Butyl）等。
2. 醋酸二元醇（Glycol Acetate）。
3. 乙二醇單丁醚（Butyl Cellosolve）對皮的滲透性很好，所以常被當作丙烯酸樹脂的滲透劑，使用於飽飾塗飾（Impregnation）。

丙酮（Acetone或Dimethylketone或Propanone）

比重：0.792，沸點：56.2℃，閃點：-9.4℃，自燃溫度：537℃，爆炸極限：2.6至12.8%。

無色揮發性液體，有點甜的氣味。能和大多數的有機溶劑及水互溶。對纖維素酯而言是一種極佳的溶劑，但因閃點低，頗具危險性。必需小心配合其他高沸點的溶劑使用，否則膜易發白（雲霧狀Clouding）。

醋酸戊酯（Amyl Acetate）

比重：0.877，沸點：135～145℃，閃點：32℃，自燃溫度：380℃，揮發速率：13，爆炸極限：1.1～7.5%。

商業上的醋酸戊酯溶劑是同分異構物（Isomer）和一些伯戊醇（Amyl Alcohol）混合組成。能迅速溶解硝化纖維素，相溶於苯（Benzene）和甲苯（Toluene或Methylbenzene），但現在大多已被醋酸丁酯（簡稱丁酯）取代。

醋酸丁酯（Butyl Acetate簡稱丁酯）

比重：0.883沸點：123.6℃閃點：36.6℃自燃溫度：421℃揮發速率：12。

非常普遍使用於硝化纖維素的溶劑。類似醋酸戊酯溶劑的溶解力，但無味及揮發速率稍高些，亦是許多合成樹脂和蟲膠的溶劑。

乳酸丁酯（Butyl Lactate）

比重：0.984，沸點：188℃，閃點：75.5℃，自燃溫度：382℃，揮發速率：443。

不僅只適用於硝化纖維素的溶劑，亦適用於溶解植物油和多數的樹脂。更適用於需要慢速乾燥的膜，且能給予光澤性。

環己酮（Cyclohexanone）

比重：0.948，沸點：157℃，閃點：44℃，自燃溫度：420℃，揮發速率：40。

屬高沸點，易揮發類型的溶劑。微溶於水（至多5%），能與多數溶劑互溶。能迅速溶解硝化纖維素及醋酸纖維素。

醋酸環己酯（Cyclohexanol Acetate）

比重：0.966，沸點：177℃，閃點：57℃，自燃溫度：333℃，揮發速率：77。

氣味類似醋酸戊酯，溶解力類似環己酮，但完全不溶於水，揮發性較慢。因纖維素醚（Cellulose Ether）可溶於醋酸環己酯，故最適合於溶解含有醚的光油。

二丙酮醇（Diacetone Alcohol）

比重：0.940，沸點：170℃，閃點：38℃，自燃溫度：603℃，揮發速率：147。

無色液體，氣味悅人，高沸點，相溶於水，醇類，一般的溶劑，甲苯，和石油溶劑（White Spirit）。溶解醋酸纖維素比甲苯慢，而且揮發速率也很低。

醋酸乙酯（Ethyl Acetate簡稱乙酯）

比重：0.907，沸點：77℃，閃點：-4.4℃，自燃溫度：426℃，揮發速率：2.6～6.0。

無色液體，具水果似的香味，低沸點，屬最普遍使用於硝化纖維素的溶劑之一，但是所吸收的水（因略溶於水）會分解酯，形成醇和醋酸，所以如果由醋酸乙酯溶解的纖維素溶液，稀釋時最好使用醇和苯。

乙氧基乙醇（Ethylene Glycol monoethyl Ether）

比重：0.932，沸點：136℃，閃點：49℃，自燃溫度：237℃。

屬聞名的溶劑「賽露索夫（Cellosolve）」系列，亦是非常普遍使用於硝化纖維素的溶劑。無色，無臭的液體，和甲苯（Toluene）的稀釋率佳。

丁氧基乙醇（Ethylene Glycol monobuthyl Ether）

比重：0.902，沸點：171.2℃，閃點：61℃，自燃溫度：244℃。

亦屬「賽露索夫（Cellosolve）」系列。和溶劑的特性類似，但具高沸點，低揮發速率。

乳酸乙酯（Ethyl Lactate）

比重：1.020～1.036，沸點：154℃，閃點：46℃，自燃溫度：400℃，揮發速率：80。

無色液體，氣味溫和。是一種非常有用的溶劑，能完全溶於水，但是不會產生水解。亦能和醇，酮，酯，苯，油等互溶。能溶解硝酸纖維素（硝化紓維），醋酸纖維素，纖維素醚（Cellulose Ether）以及芐基纖維素（Benzyl Cellulose）。能使溶解後光油的流動性及光澤性佳。潮濕的氣候時，添加此溶劑使用可預防光油的發白性。

甲基丙酮（Methyl Acetone）

比重：0.840，沸點：50～70℃，閃點：48.9℃。

含可丙酮，醋酸甲酯及甲醇等之各種混合物。價格便宜，低沸點，但易燃性高。

甲基環己酮（Methyl Cyclohexanone）

比重：0.925，沸點：160～170℃，閃點：58.9℃。

使用於具有高閃點的光油類。溶解硝化纖維很快，不溶於水，光澤性佳。能使油和光油結合。使用此溶劑溶解的光油對皮具有極佳的黏著性，即使革面油膩。對醋酸纖維素而言，甲基環己酮並不是一個好溶劑，但對纖維素醚，則是好溶劑。價格適當且不屬於有毒性溶劑。

醋酸甲基環己酮（Methyl Cyclohexanone Acetate）

比重：0.941，沸點：176～193℃，閃點：64℃。

類似醋酸環己酯（Cyclohexanol Acetate）高沸點的溶劑，但揮發速率較低。

光油的稀釋劑（Diluents 或THinners）

溶劑的價格太貴，因而添加稀釋劑使用於光油的噴塗，其主要的目的是降低成本。稀釋劑是一種非水性的液體，單獨使用時無法溶解纖維素酯，但是可以混合溶劑使用，且不會干預光油膜的形成，但使用量不能太多，否則會產生沉澱，例如醇（Alcohol）或甲苯（Toluene）的稀釋劑從成膜中的揮發速度比低沸點溶劑的揮發速度慢，故可能於乾燥時形成纖維素酯仍存留在稀釋劑，如此便會對膜形成毀滅性的結果，即是使纖維素酯產生沉澱，而不是形成膜，所以必需使用有足夠量的溶劑混合些稀釋劑，即不能將稀釋劑視為主溶劑，只能當作助溶劑，或如濕潤劑使用，使硝化纖維易於溶解，稀釋光油溶液的黏度（Viscosity）等。另外如果使用稀釋劑量稍多的話也可能影響膜的張力強度，黏合性及光澤度，故需適量地混合溶劑使用。每一種光油，無論是光澤性的，或消光牲的，都有它獨自適用的稀釋劑，基本上不能使用其他的稀釋劑代替，否則很容易形成霧朦朧似的膜，即「發白」，所以使用前必需先向供應商詢問，適用於那種類的產品？一般於噴塗使用的比率約四份的光油比六份的稀釋劑。

金屬效應塗飾（Metallic effect finishing）所使用的金屬粉，或金屬漿一般不溶解於水，必需使用溶劑，或稀釋劑。能使硝化纖維光油著色的溶劑型顏料粉，或顏料漿，或染料等大多能全部或部份使用稀釋劑加以沖淡。

溶劑，或稀釋劑，或混合使用時對大氣中的條件，諸如溫度，濕氣，風速等，都必需銘記在心並加以考慮。

溶劑及稀釋劑必需先混合，而後再和纖維素混合，避免使用盛纖維素的容器可能會因多餘的稀釋劑而形成局部的發白（Clouding）。

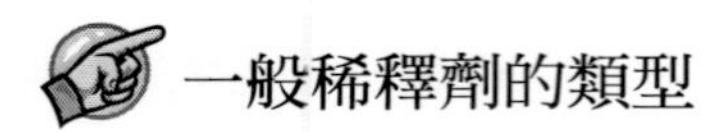

一般稀釋劑的類型

一、醇類（Alcohols）

甲醇（Methyl Alcohol），乙醇（Ethyl Alcohol），丙醇（Propyl Alcohol）、丁醇（Butyl Alcohol）。

二、碳氫化合物（Hydrocarbons）

苯（Benzene），甲苯（Toluene），二甲苯（Xylene）。

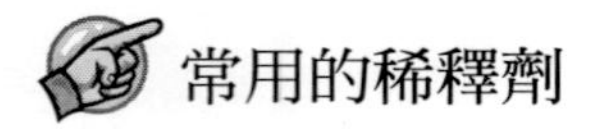

常用的稀釋劑

一、工業用的變性酒精（Industrial Methylated Spirit）

比重：0.815，沸點：76～79℃，閃點：14℃，揮發速率：8.3。

糖發酵後便會得到約10%的酒精，再經過蒸餾後即可獲得90%的酒精溶液。如果將95份的酒精溶液添加5份含72%甲醇的粗木精（Wood Naphtha），即成不適宜飲用的工業酒精。將工業酒精當作纖維素光油的稀釋液使用時必需小心，因可能會使胚革上單寧斑的瑕疵更突出。如添加吡啶（Pyridine）藉以改變酒精，則會導致膜變成黃或棕的色彩。

二、丁醇（Butyl Alcohol或Butanol）

比重：0.810～0.814，沸點：106～119℃，閃點：27℃揮發速率：33。

微溶於水，能和工業酒精及通常的溶劑互溶。可當蟲膠（Shellac）和某些合成樹脂的溶劑，亦常被使用於硝化纖維光油中，因它能濕潤硝化棉。因有異味及氣體具微毒性故使用性受到限制。

添加10%光油溶液的丁醇量，可減少光油對水的敏感性，亦即發白成雲霧狀。

三、苯（Benzene或Benzol）

比重：0.879，沸點：90%以上低於100℃，閃點：6.7℃，揮發速率：3.0。

一般屬這類產品的稀釋劑大都是75%的苯，其餘是甲苯（Toluene）。醇和苯的混合液對硝化纖維素稍具溶劑的作用。苯的揮發氣具高毒性，儘量避免使用，即使具有通風設備極佳的混合室。

四、甲苯（Toluene或Toluol）

比重：0.866，沸點：110.7℃，閃點：7℃，揮發速率：6.1。

不具毒性，亦不會使胚革上單寧斑的瑕疵更明顯，所以可以使用於白革的塗飾。

五、二甲苯（Xylene或Xylol）

比重：0.865，沸點：135～140℃，閃點：24℃，揮發速率：13.5。

特別適用於含高沸點溶劑比例相當高的光油。

六、石油溶劑（White Spirit）

等級分類很多，選用時需以產品的比重、沸點及閃點為依據。本身不具溶劑的特性，價格便宜，可當稀釋劑而大量地使用於光油或油漆工業。

七、助溶劑（Latent Solvents）

單獨使用時不具溶劑的性質，但是添加少量的純溶劑則會成為溶劑，例如：醇（Alcohol）、異丙醇（Isopropyl Alcohol IPA）、丁醇（Butyl Alcohol）。含丁醇所形成的膜容忍添加乾性油（Drying Oil）而不會導致任何問題，換言之，硝化纖維和可氧化的油混合塗飾於皮革上，亦能容忍整張皮完全地浸沒於醋酸丁酯裡——屬於一種結合漆皮和硝化纖維的塗飾。

關於稀釋劑的結論；

水溶性的黏合劑，或樹脂，或乳化型的硝化纖維，它們最便宜，且能減小火災及爆炸危險性的稀釋劑當然是水。但是使用水或有機溶劑當稀釋劑則是依據所選用黏合劑或樹脂的溶解性及延展性，而如想選用耐乾濕摩擦的乳化型硝化纖維光油，當然得選擇溶劑型的乳化性硝化纖維光油。總之，無論是選用水，或溶劑，或水及溶劑當稀釋劑端視所選用的化料及其特性，和希望達到某種目的及效果的塗飾。

附表三：硝化纖維素的溶劑和稀釋劑

附表三　硝化纖維素的溶劑和稀釋劑（Nitro-cellelose Solvents And Thinners）

產品（Products）	煮沸點°C（Boiling Point °C）	閃點°C（Flash Point °C）	揮發率（1最快）（Evaporation Rate）	水溶解性（100克）（Water Solubility）	備註（Remark）
A：純硝化纖維溶劑（Pure Nitro-cellulose solvent）					
丙酮（acetone）	56	–17	2	無限（Infinite）	不適合
乙酸乙酯（ethyl acetate）	74	–2	3	8	不好
乙酸丁酯（butyl acetate）	120	24	12	1	佳，常被使用
環己酮（Cyclohexanone）	150	44	40	0	低揮發性
丁基乙二醇醋酸酯（Butyl Glycol Acetate）	184	74	190	1	流動性非常好
B：稀釋劑（沖淡劑Thinners）					
乙醇（Ethyl Alcohol）	78	12	8	無限（Infinite）	稀釋不充分
丁醇（Butyl Alcohol）	116	34	33	10	常使用於濕潤「棉」
C：其他（Others）					
汽油（Petrol / Gasolene）	70～100	2	3	0	
苯（Benzene）	80	－8	3	0	有毒性
甲苯（Toluene）	110	7	6	0	有毒性
石油溶劑（White spirit）	130	21	50	0	重要的是純度

第 6 章

各種塗飾助劑（Finishing auxiliaries）

滲透劑（Penetrator）

一般是由界面活性劑或皂（有非離子性及陰離子性或兩者都有）和有機溶劑混合而成的，界面活性劑或皂是破除革面的表面張力，而有機溶劑則是幫助滲透。

蠟劑（Wax）

增加離板性、手感性及預防增塑劑（Plasticizer）滲入皮內。有些蠟劑尚具有填充性，遮蓋力，或消光能力。

香精油（Essential Oil）

添加香精油最主要的目的是使成革具有吸引人的味道，或遮蓋塗飾時使用某種令人不悅的化料氣味。通常使用的香精油有；香茅油（Citronella oil）、黃樟油（Sassafras oil）、檸檬草油（Lemongrass oil）、熏衣草油（Lavender oil）、松油（Pine oil）、松葉油（Pine needle oil）、和樺木焦油（Birch tar oil）。

抗菌劑（Antibacterial）

雖然現在的塗飾工藝已經用不著這種化料，但是假如工藝上仍需添加一些天然的酪素、蠟、或油，於塗飾漿內並擱置於細菌易繁殖的條件下，例如室溫26℃，一段時間後才使用，可能產生異味，變質。所以多少認知一些抗菌劑以備不時之需。黃樟油、氟化鈉（Sodium Flouride）、百里酚（Thymol），酚（Phenol）、或石炭酸（苯酚Carbolic acid）、β-萘酚（Beta Naphthol）等都可使用，但是它們的替代品，例如三氯酚（Trichlorophenol）、對氯間甲酚（para-Chlor-meta-Cresol）於鹼性溶液裡的效果非常好，對氯間二甲苯酚（para-Chlor-meta-Xylenol）也不錯。丁酚（Butyl Phenol）、鄰苯基苯酚（ortho Phenyl Phenol）也是不錯的防腐劑。

濕潤劑（回濕劑Wetting Agent）

濕潤劑的添加如果能完全溶解於聚合物相內或完全被聚合物相吸收，則能獲得較佳的乾、濕磨擦牢度。添加濕潤劑或分散劑的目的：

一、穩定塗飾漿

使塗飾漿內的樹脂顆粒在未凝結（成球形狀效應Balling up effect）之前，儘可能有較多的脫水作用（Dehydration），加速均勻的成膜性。

二、增加皮粒面纖維的回濕性

亦是加速塗飾層的脫水速率，促進膜的形成，例如使用陽離子性的濕潤劑、或單寧劑，但是兩者都需先獨自先處理粒面（噴或刷），否則陽離子性的濕潤劑可能使塗飾漿產生沉澱，而單寧劑無法完全溶解於塗飾漿內。

消泡劑（Anti-foam agent）

塗飾漿內如有泡沫，則不易形成均勻的塗飾層。除了一般商業性的消泡劑外，尚可使用固成份為15%的蠟乳液，和一些已經乳化的溶劑乳液。

離板劑（Plate Releaser）

假如聚合物屬非常「熱塑性」，特別是厚膜型，則熱壓時會黏版，雖然熱壓時可降溫，藉以減少黏版，但是會減少熱壓的效果，而且雖然可使用能改善黏合性的酪素補救，不過會使塗飾膜變硬些，亦可使用固含量約為15%的蠟乳液，使用量約為樹脂總固含量的20～30%，但可能會影響塗飾膜的均勻性及爾後塗飾層的黏合性，所以選用離板性助劑時，需謹慎考慮使用量，另外可混合些較硬性的聚合物使用，藉以加強離板性，或其他如矽（硅 Silicone）類的產品。

流平劑（Levelling agent）

大多數的流平劑皆屬界面活性劑，最主要的作用是促使塗飾劑能於塗飾層上有良好的流動性，一般的使用量是塗飾劑混合總量的1%。

填料（Filler）

通常的填料都是惰性的物質，固含量約19～25%，具不連續性膜的特性，但稍微消光，對輕磨面革（Snuffed Leather）有似緞的手感，光滑柔軟。

填料是使用於填充任何張開或遺失的粒面和阻止塗飾劑沈入粒面，使塗飾劑能維持它的遮蓋性，或打光性，或壓板性。

填料可能需要和溶劑混合，藉以達到某種程度的滲透，而維持皮革自然的撥水性（Water Repellent）。

選用填料時需避免下列各項：

1. 摺紋時會有灰乳色的紋路，特別是黑色的塗飾工藝
2. 不能含有任何油脂，因溶劑型的化料，例如光油或光油乳液，噴塗後，油脂會被溶劑濾出，導致最後革面可能產生色花，渾濁，不清晰的外觀。
3. 不能太濃厚，否則易浮在混合後塗飾漿的表面。必須經常攪拌。

增稠劑（Thickener）

調整塗飾漿的稠度以便控制塗飾劑的滲透性及流平性，使塗飾面能趨於更均勻，更平坦。低PH值，即3.5以下，含酸且已交聯的聚合物，當添加約氨水（Ammonia）攪拌後，即會膨脹變成非常黏（稠），用量約1%的塗飾劑量，使用於重磨面革，或剖層革（榔皮Split）等，藉以獲得厚度較佳的塗飾層或膜。主要的增稠劑是聚丙烯酸氨或聚丙烯酸鈉。

氨水（Ammonia）

調整陰／陽離子性不同物質的混合性，塗飾漿的稠度及流動性。

消光劑（Matting agent或Duller）

消光劑的添加是使膜變成不透明性。消光劑的黏合力很差，所以需要結合黏合劑或樹脂使用。消光的能力視要求而調整約25～100%的黏合劑量或樹脂量。大多數屬水溶性的二氧化矽（二氧化硅，硅石Silica）分散液。

螢光劑（Fluorescent Materials）

將硫化鋅（Zinc Sulphide）或硫化鎘（Cadmium Sulphide）和微量的銅、或銀、或其他金屬鹽於高溫下加熱即可製成一系列的磷光和螢光顏料、或染料。

珍珠粉似的珠光劑（Pearlisers）

這類型的材料有兩種；

1. 使用魚鱗製成，價格貴，主要使用於光油。
2. 以鉛為主的有機合成化合物，可使用於水溶性塗飾系統，而用量約總量的5～10%，不過在大氣中各種氣体的影響下會變黑。

龜裂光油（Crackle Lacquers）

龜裂狀的塗飾在使用上一般分兩種方式；

1. 於上塗層使用硬的光油膜，爾後乾轉直至形成龜裂紋。
2. 於乳化型硝化纖維噴塗時摻混非常硬的丙烯酸樹脂使用，乾燥後裂紋具有特殊的圖形，但是這種龜裂膜的黏合性差，需加入另外噴黏著膜的處理。

油皮（Oily Leather）／油的塗飾（Oily Finish）

這類型的塗飾屬苯胺類塗飾法，而且蠟的含量高。使用刷、或揩、或噴、或幕淋或滾筒的方式在革面上塗上一層或多層的水溶性、或油溶性的油，油的底層會使油層變深或變黑，故有變色效果（Pull up effecf），爾後可以再用含矽（硅）光油，或消光蠟的塗飾，藉以保護。

矽酮（硅酮Silicone）

矽酮油和矽酮樹脂都是以聚合的氫氧化矽為主。它們即使添加少量也會增加拋光蠟或其他塗飾劑的抗水性，同時也可當作熱壓或壓花時的離板劑使用及防止熱壓或壓花後，疊皮時皮的相黏。噴於反絨革則有很佳的撥水性。一般都被使用於頂塗的光油或手感。

手感修正劑（Feel Modifiers）

手感修正劑的種類多，但目的都是以加強對皮身的觸摸感（Handling feel）及手感（Hand Feeling）為主。一般手感修正劑都伴隨著最後的噴塗工藝一起使用，但也有為了加強手感，而另外執行特殊手感噴飾效應的工藝。

手感修正劑無論是為滑爽添加的硅酮，或為改善抗磨損而添加的陽離子性的蠟劑，或各種各樣的樹脂，但並不是所有的手感修正劑都能適合使用於各種不同的頂塗飾。使用硅酮時必須非常小心，因用量過多可能會使頂塗柔軟，因硅酮的作用，猶如增塑劑，常會和希望的目標形成對立的效果。有些改良性的蠟劑可能會影響塗飾漿的穩定性，導致成革具有斑點而且晦暗無光澤。尚有些手感修正劑並沒有持久性，可能隔夜後即消失了它原有的效果，因此使用前需事先測試。

滑劑（Slip agents）

乙烯基（Vinyl）和氨基甲酸乙酯（脲酯Urethane）的膜常給予皮有太塑料感，添加0.5～2%的矽酮則皮稍具些蠟感。這一類型的助劑可使用於傢俱革，或當作離板劑，或預防皮的相黏性使用。

轉印膜或箔（Transfer Films或Foils）

經轉印後能使革有己塗飾的效果。轉印膜或箔具有各式各樣的顏色及圖紋，如蜥蜴、蛇等。主要是使用於染色或未染色，且已被損害的革。使用時是先噴一層軟樹脂黏合劑於革面上，再用熱油壓並將轉印膜或箔置於革面上後進行熱壓，至轉印膜或箔黏至軟樹脂黏合劑的膜上，如此轉印膜或箔便會穩固地黏者在革面上。

酪素（Casein）

壓花性及光澤佳，具打光及拋光性，亦能增加離板性。

酪素蛋白塗飾的固定劑（Fixing agents for Protein Finish）

有些蛋白物質使用於黏合劑或甚至於上光塗飾（Season Coating）時需要被固定，因為乾燥後它們易受潮濕的影響而膨脹，即不會遺失水溶性的本性，因而影響濕磨擦牢度。

甲醛（Formaldehyde）可以事先加入酪素溶液，爾後再使用，但是混合後可使用的時間太短，故不常被使用這種方式，而是分別使用，即酪素溶液先，甲醛後。如果添加甲醛於酪素／聚酰胺（Polyamide）類型的黏合劑內經混合後，為了產生反應置放一段相當長的時間，但反應需要有的條件是（a）甲醛的濃度已經達到所需要足夠高的濃度，或（b）甲醛因添加酸或鹽以至濃度低，無法達到反應所需的濃度，則需利用催化以助反應。

固定蛋白物質而噴於塗飾革上的甲醛混合液，300份甲醛／650份水／50份醋酸。假如能添加少量的鉻鹽，約0.1～0.3公克的三氧化二鉻（Cr_2O_3）／每公升的混合液，則會大大地增加固定的能力。塗飾的工藝常將鉻和甲醛視為能催化地以化學改變酪素成水不溶性的物質。乾燥後酪素膜的溶解能力程度也是使用鹼的陽離子功能。含鉀或鈉的酪素比含鈣或氨的酪素易溶解。第一次或第二次塗飾後，並不常要求使用具有永久固定能力的鉻／甲醛／醋酸的混合液，因會影響爾後上塗飾的黏合力，所以第一次或第二次塗飾後的固定僅使用甲醛／醋酸的混合液。

有些上塗飾使用含高分子陽離子的塑化劑，再用鉻／醛／醋酸加以固定，其效果是能獲得悅人的蠟感，但因為塑化劑是會慢慢地移向顏料塗飾層，所以需將塗飾革擱置數天後才能達到完全的固定。

含有鉻的固定劑使用於白革或淺色革會呈現可能可以被接受的綠光，但使用於黑色可能呈現出不被接受的灰色調，所以黑色調或深色調塗飾的固定，大多數使用甲醛／醋酸的方式。乙二醛（Glyoxal）的固定能力，類似甲醛，但氣味溫和，不像甲醛氣味辛棘、強刺激性，但是價格貴，如能降價，則可能代替甲醛而被廣泛地使用。

如果甲醛／鉻溶液的PH低於4.5，則固定的作用非常快，這也是為什麼甲醛／鉻溶液有時需要添加酸的原因。

實際上使用甲醛的溶液

1. 13～15%甲醛使用於機械式的噴塗機。
2. 10%甲醛使用於手動噴槍

有些蛋白或酪蛋白塗飾於高溫下乾燥、或打光工藝（因打光時會產生熱）、或熱壓、或經熱壓滾輪後實際上可能已被固定了，不需要進行固定的工序。

【註】

必需避免直接使甲醛和革接觸，因可能造成粒面的龜裂，尤其是經植物（栲膠）鞣製的栲膠革。

第 7 章

增塑劑（Plasticizer）

增塑劑一般分成兩類：

一、純溶劑型增塑劑（Pure solvent Plasticisers）

能溶解硝化纖維素或使硝化纖維素形成凝膠狀，例如沸點為210～230℃能增加硝化纖維素日光牢度的鄰苯二甲酸二乙酯（Diethyl phthalate），或鄰苯二甲酸二丁酯（Dibutyl phthalate）和沸點為260～290℃，揮發性低但會使硝化纖維素老化時趨於變黃的磷酸三甲苯酯（Tricresyl phosphates），或磷酸三苯酯（Triphenyl phosphates）。使用這類型的增塑劑如果和硝化纖維素的比率越增加，則成膜越柔軟，越具塑性，越能伸展，直至發黏，雖說發黏有利於膜黏著於皮上，但不利於手的觸摸及有「似塑膠」感。這類的增塑劑會伴隨著似油，或似蠟的手感，但如果添加其他的柔軟劑的話，則會減輕這種手感。

二、柔軟劑（Softners）或非膠化的增塑劑（Non-gelling Plasticizers）

大多屬不能溶解硝化纖維素或使硝化纖維素形成凝膠狀，但是能和硝化纖維素混合的油類，例如合成油，或天然油都能使用，不過最好使用植物油，例如蓖麻油，亞麻子油，因為它們可能已經部份被氧化和因風吹（Blowing）而被聚合，所以比較黏。使用這類增塑劑的硝化纖維素所形成的膜軟，而且不發黏，不過如果硝化纖維素的稀釋超過限定，則多餘的柔軟油脂劑會遺留在膜的表面上，形成手感太油膩，且不利於和皮的黏著。這一類的油脂劑亦能使用於打光（Glazing）或拋光（Polishing）的塗飾層中，有利於打光或拋光的操作，及散熱。

膜的脆化（Embrittling of the film）

皮革使用硝化纖維素塗飾，最不利的是於乾燥或老化期間，增塑劑或柔軟劑會因遷移、昇華（Migration）而遺失，或被粒面吸收，導致成膜彎曲，或伸展時變脆，易龜裂，但這是以革的種類及所選用的增塑劑的類型而定。有效解決的方法是革面先進行聚丙烯酸酯的封層塗飾（Sealing coat）後，再執行硝化纖維素塗飾，如此便能阻止柔軟劑和許多增塑劑的「遷移或昇華」，但如以酪素進行封層塗飾，則效果不如聚丙烯酸酯，因聚丙烯酸酯的封層塗飾具回濕性，如爾後執行溶劑型塗飾，則封層會稍微凝膠化，保証兩塗飾層間良好的固定性。

纖維素光油的增塑劑（Plasticizers）

所有使用於皮革上的纖維素光油都必需含有可溶解於溶劑或稀釋劑的增塑劑。大多數的增塑劑都具有溶劑的特性，但添加於纖維素光油的增塑劑，即使沒有溶劑的特性亦可使用。增塑劑最主要的功能是軟化光油膜，賦予光油具有某些特性，例如易打光，或增加抗水的效果。

增塑劑大多屬酯類，不易揮發，高沸點的液體，有些塑化劑的組成非常複雜，例如合成的增塑油，有些是天然增塑劑，例如植物油，有些是改良型的天然增塑劑。合成的增塑油，例如硬脂酸丁酯（Butyl Stearate），不僅具有膠凝作用（Gelatinizing effect），即溶解硝化纖維，尚對聚合物有柔軟的效果。

增塑劑會從硝化纖維膜遷移（Migrate）至聚合物塗飾的底塗，假如底塗沒使用蓖麻油（Castor oil）類的油。合成增塑油和蓖麻油最好是混合使用，如此便可防止膜熱壓時底塗的蓖麻油上移至表面而膜的合成增塑油遷移至底塗，最佳的混合法如下；

25-35%　膠凝增塑劑（Gelatinizing Plasticizer）
75-65%　蓖麻油（非膠凝增塑劑Non-Gelatinizing Plasticizer）

樟腦油（Camphor）和高分子的醇類及鄰苯二甲酸（Phthalic acid）的酯化物或其他油的多元有機酸都可當作膠凝增塑劑使用，例如鄰苯二甲酸二丁酯（Dibutyl Phthalate），但是樟腦油因氣味及揮發慢，故常被當作混合劑使用。硝化纖維膜如添加樟腦油，則會改善膜的柔勒性及增進它的打光性且不變色。有些增塑劑也可以使用於乳化型的硝化纖維。

一般常被使用的增塑劑

一、蓖麻油（Castor Oil）

比重：0.959～0.963。

由於價格低，所以可能是最被廣泛使用的增塑劑。所有的植物油都可被當作非膠凝增塑劑使用，除了蓖麻油其他例如菜子油（Rape oil）、亞麻子油（Linseed oil）等，植物油不會和膜結合，而是分佈於膜內。

為了能適合於光油的各種組成要素，所以常將蓖麻油製造成屬氧化油（Blown oil）的類型，因而比一般蓖麻油的色調較黃。它能給予硝化纖維膜有飽滿及光澤性，也能當作生產使用於硝化纖維塗飾的顏料於最後一次研磨時的濕潤劑及上漿劑（增稠劑）。

二、酞酸二丁酯（Dibutyl Phthalate）

比重：1.05

對硝化纖維而言是一種大家所熟悉的增塑劑，也是一種溶劑，價格合理、稀薄、無色、油狀的液體，亦可當作所有光油的溶劑或稀釋劑使用。單獨使用，或和氧化的蓖麻油以1：1混合使用，則會形成柔韌的，抗汗的及耐用的膜。

三、酞酸二戊酯（Diamyl Phthalate）

比重：1.025

特性類似酞酸二丁酯，但揮發較少。

四、硬脂酸丁酯（Butyl Stearate）

比重：0.885

對硝化纖維無溶劑作用的增塑劑，能使形成膜具有易打光的作用。

五、三甲酚基磷酸酯（Tricresyl Phosphate T.C.P）

比重：1.185

適用於硝化纖維的溶劑，能和一般的溶劑及稀釋劑互溶。低揮發性，曝光後會變黑，故不適宜使用於淺色革的光油，或淺色的光油。

六、草酸甲基（或二甲基）環己酯（Methyl or Dimethyl Cyclohexanyl）

兩者都是無色，油狀的液體，能和一般的溶劑及稀釋劑互溶，對所有的纖維酯具有溶劑的作用，亦適用於蓖麻油。能賦予成膜有光澤性，曝光後具漂白性，故適於淺色革及白革的塗飾。

七、己二酸的二甲基環己酯（Dimethyl Cyclohexyl Ester of Adipic Acid）或己二酸甲酯的二甲基環己酯（Dimethyl Cyclohexyl Ester of Methyl Adipic Acid）

兩者都是低揮發性的白色水狀液體，能和一般的溶劑及稀釋劑互溶。日光堅牢度很好。成膜具光澤性，可包含多量的蓖麻油或氧化蓖麻油而不會有黏性或水氣、水珠等不悅的現象。

總結

在某種個案中使用含有增塑劑的塗飾，可能會使塗飾的性能提高約20%。但是可能因為揮發或被革所吸收，致使增塑劑遺失，故於塗飾時於第一次樹脂底塗時，就必需考慮建立一種猶如柵欄的阻礙物，藉以防阻增塑劑遷移至革內。

使用增塑劑的大約方向

1. 打光塗飾：可使用酞酸二丁酯、硬脂酸類、油酸酯類（Oleates）、及生蓖麻油等。
2. 壓板塗飾：可使用硬脂酸類，但可以「葛來普託（Glyptal）」（增塑劑的商標名）代替。
3. 光澤塗飾：可使用檸檬酸三丁酯（Tributyl Citrate）。

假如將聚氨酯（Polyurethane）和硝化纖維兩種化料一起使用，可能得到一層永久是柔軟性的膜，因聚氨酯的作用類似硝化纖維的增塑劑，而硝化纖維的作用像似聚氨酯的硬化劑（Hardener），但這種塗飾需要有足夠的時間才能處理二者之間的反應。

水溶性塗飾的增塑劑

當作增塑劑使用的化料是依據水溶性塗飾所使用的分散劑和黏合劑，例如硫酸化油（硫酸化蓖麻油）除了可當作增塑劑，亦可能當作濕潤劑，但是如果用量太多，則可能影響塗飾各種特性的固定及抗乾濕磨擦。增塑劑在聚合物所形成的膜上屬非增塑作用，所以不需要防止所謂增塑劑的遷移性（Migration）。乙二醇（Glycol），丙三醇（甘油Glycerine）和聚丙三醇（Polyglycerine）或它的酯類都可能使用於水溶性的塗飾工藝。塗飾時處於很潮濕的條件下必須慎選所要使用的增塑劑，否則會影響膜的打光性和抗水性。已乳化且不溶於水的酞酸（苯二酸 Phthalic acid）如使用於蛋白生成物，其作用類似潤滑劑，反之添加於聚合黏合劑類則屬增塑劑。

雖然增塑劑可增加酪素（酪蛋白）膜的曲折性（Flexibility），而不影響膜的伸張性（Stretch），或伸展性（Extensibility），但事實上膜的強度可能會減弱，所以對打光塗飾的工藝最好使用增塑劑於第一次的底塗層，不要使用於上塗層。

熱壓時，增塑劑可能遷移至其他塗層或滲入革內而消失。內部已被增塑的蛋白生成物，例如：聚醯胺（Polyamide），或軟性的樹脂黏合劑因不需再使用增塑劑，所以沒有「遷移」的困擾。

經特殊乳化劑乳化的牛蹄油（Neatsfoot oil）、桐油（Tung oil）、鯨蠟油（Sperm oil）、鯨油（Whale oil）、魚油（Fish oil），或硫酸化油於水溶性塗飾時，可添加黏合劑量的10～15%當作增塑劑使用。

第8章

揩漿（Padding）、淋漿（Curtaining）、噴漿（Spraying）、滾漿（Rolling）

執行塗飾工藝的方法（The application of finishing）

人為手工操作：除了樣品皮外，通常手工的操作都執行於「揩漿」，「噴漿」，「搓紋（boarding）」，「頂梢著色（tipping）」，「網板印花（screen printing）」等工序，但因生產較慢而且需要較多的操作人員，故現多改為機械操作，除非產量少。

執行塗飾工藝的機械

一、上光機＋自動揩漿機（season & auto-padding machine）

通常這兩部機械是緊接著使用，亦即胚革經過上光機淋漿在革表面後，便由左右往復式機械臂的揩漿機進行塗抹、揩漿的動作，使淋於革面上的塗飾漿能均勻的分佈，但也可以單獨使用上光機後採用人為手工操作揩漿動作。

二、淋漿機（curtain coat machine）

適合使用於修面革的飽飾工藝。

三、噴漿機（spraying machine）

通常於噴漿櫃（spray booth）前裝有一排電子眼（electronic detector）偵測通過革的不規則狀，透過電腦通知噴漿櫃裡的噴槍所需要噴漿的不規則面積，藉以避免塗飾漿因革的不規則狀而造成噴漿的浪費。

噴漿機有兩種：

1. 往復式噴漿機（reciprocating spraying machine）
2. 旋轉式噴漿機（rotary spraying machine）。

噴漿時，有一種比較特殊的噴法稱無氣噴漿法（airless spray），所需要的壓力約80～110的大氣壓比一般噴漿的壓力大。注意！塗飾漿必需過濾，不能含有任何顆粒大的物料，因使用的噴嘴比一般小，而噴出物都是液狀，故能於短時間內噴出大量的塗飾漿於革面上，所以必須濾出任何顆粒大的物料，同時控制塗飾漿的稠度及評估革的吸收。

四、滾筒塗飾機（roller coater）

新式的滾筒塗飾機分成兩種；

1. 反向式滾筒塗飾機（Reverse roller coater）：適用於底塗飾及塗飾層較厚的剖層革（榔皮）塗飾。
2. 同向式滾筒塗飾機（Synchronous或Forward roller coater）：適用於頂塗飾，印花及頂梢著色的塗飾。

塗飾工藝的執行法

一、揩漿（Padding coat）

揩漿是最早，也是最基本的水溶性液態的塗飾方法。手工揩漿工具是以木製的木墊，底部及四周用厚絨布包裹著，如為飽飾揩漿用，則以長毛布（毛海布，由羊毛製成）包裹著。厚絨布的長短需一致而且不能掉毛，第一次揩漿用的絨毛長約4.5毫米（mm），而較細膩的揩漿，亦即第二次的揩漿，則用3.0毫米（mm），因為毛較長則能沾多量的塗飾漿，揩漿的面積較大，揩漿量約7公克／平方呎，但如發現有掉毛時需馬上拿掉，不能遺留在革面上，否則乾後再拿掉所掉的毛會遺留毛的痕迹，而使用短毛揩漿，揩漿量約3公克／平方呎，而且比較不會有揩漿痕。揩漿時需將革放在玻璃面或金屬（大多使用不銹鋼）面的桌子，或橡膠輸送帶上，藉以方便揩漿後的清洗，避免沾污緊接著揩漿皮的背面。揩漿後需用冷水徹底洗淨毛所沾的塗飾漿料，乾後再用，藉以避免揩漿痕的發生。

機械式的揩漿有

1. 低氣壓或無氣壓噴塗槍
2. 自動揩漿機

自動式的揩漿機所使用的長毛，或短毛揩漿板的情況及清潔的條件和手工式揩漿一樣。但現已多數不使用自動揩漿機。機械式的揩漿一般使用於較重的皮身，因為皮身較輕或較軟的革會因機械的反復動作，發生捲皮或摺皮的現象，導致革面產生摺紋。

如果使用低氣壓或無氣壓噴槍塗飾導致革面不均勻的話，即可使用人工揩漿的方式修正，使革面均勻一致。人工揩漿的技術需要有非常熟練的技巧才能達到革面平坦，沒有揩漿痕，及過多的殘漿遺留在革面上，導致吊乾或平面通過式乾燥時仍能流動形成像「淚痕」，或因塗飾漿由兩種顏料漿混合，比重大的顏料漿沉澱而比重較輕的顏料漿（碳黑或有機顏料）則於革面流動，最後形成類似「雙色效果（two-tone effet）」的革面。

手工揩漿尚有另一種優點，即可以先在受創很深的傷痕，或疤痕，或缺陷的部分執行修補式的揩漿，爾後再全面式揩漿。

揩漿用的塗飾漿和噴漿使用的很類似，但膜較厚，不過可能需要執行2～3次才能達到某種程度的遮蓋力，但也因而可能造成爾後噴漿也無法遮蓋的揩漿紋，這是揩漿工藝上必須注意的一個要項。揩漿時簡單的混合漿料處方舉例如下：

150~200份	顏料漿
40份	蠟乳液
510~460份	水
250份	丙烯酸乳液（40%固含量）
1000份	

如果皮胚的吸水性很強，揩漿前先交叉輕噴漿一次，避免皮胚吸收過多的塗飾漿，否則最後的結果可能會有如下例舉缺陷中的一項，或二項，或全部：

1. 粒面層的纖維產生膨脹，造成粒面不平坦和不平滑
2. 粒面摺紋粗劣
3 成革硬

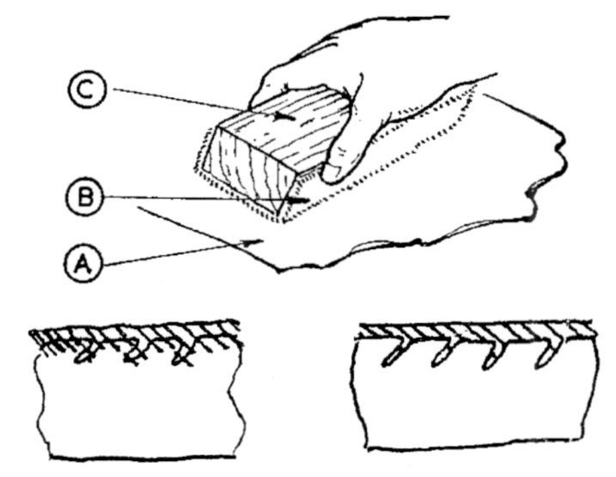

（揩漿正確的剖面圖）（揩漿不正確的剖面圖）

圖8-1　手工揩漿用的木砧簡圖

【註】

A：塗飾革置放於可清洗的板上（塑膠板，或不銹鋼板）。

B：厚絨布（飽飾揩漿用長毛絨），最好使用背面已塗上橡膠或以橡膠為底的絨布。

C：木砧——手工揩漿用的木板，將絨布圍繞以大頭釘或訂書針固定作為揩漿用。

手工揩漿（Hand padding）的優劣點：

好處：

1. 易於處理較輕或薄的皮。
2. 可優先處理較低級的部分。
3. 皮的表面雖不平坦，但可得到均勻的塗飾。

壞處：

1. 勞工密集。
2. 肉（背）面易弄髒。
3. 假如操作員不熟練的話，則易造成揩漿不平坦及揩漿斑紋。
4. 需要使用揩漿化料較多。

二、淋漿機（Curtain coat machine）

通常使用於飽飾工藝。

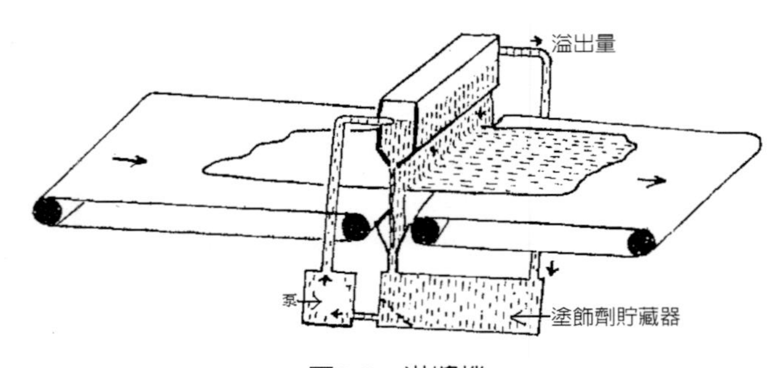

圖8-2　淋漿機

三、噴塗（Spray coat）

揩漿和噴漿法現仍有很多工廠把它們當作塗飾工藝上主要的執行方式，尤其是噴漿的技術和使用的方法經好多年的琢磨後，如今已研發使用的機械噴漿法有2、4及6支噴槍的往復式噴漿機Reciprocating spray M/C）及6、8、12甚至16、18支以上的噴槍都有的旋轉式噴漿機（Rotary spray M/C），而且兩者都在噴漿櫃前置有電腦控制的光電檢測儀，俗稱電眼（Electric eye）或魔眼（Magic eye），塗飾革通過檢測儀後，電腦經由檢測儀所傳的資訊，即皮的形狀，長度及寬度進而控制噴槍該噴漿的位置，如此噴漿才不會有過噴，或噴不該噴的位置，浪費了塗飾漿。另外尚有一種稱HVLP噴漿法，即氣壓低，噴量多（High Volume Low Pressure），目前都採用能使噴漿霧化的「無氣壓噴槍（Airless spray gun）」執行這種效果的塗飾工藝。

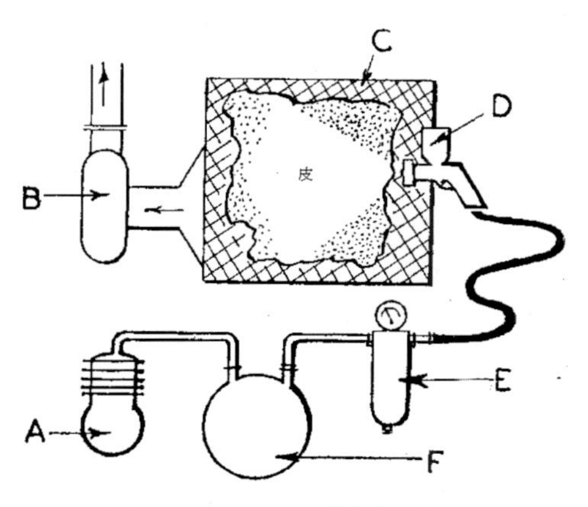

圖8-3　噴塗櫃設備的簡圖

A：空氣壓縮機（Air compressor）。
B：抽風扇（Exhaust Fan）一抽走噴出後多餘的空氣。
C：置放塗飾革的金屬網。
D：噴塗槍。
E：空氣壓縮機的調整器（Regulater）及空氣過濾器。
F：壓縮空氣貯存器（Reservoir）。

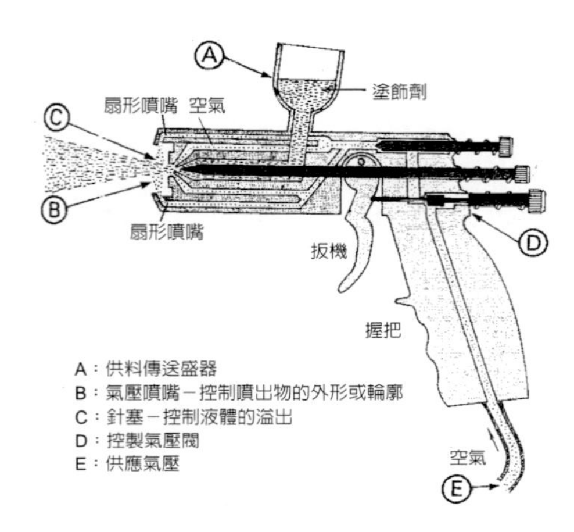

圖8-4　噴塗槍的切剖簡圖

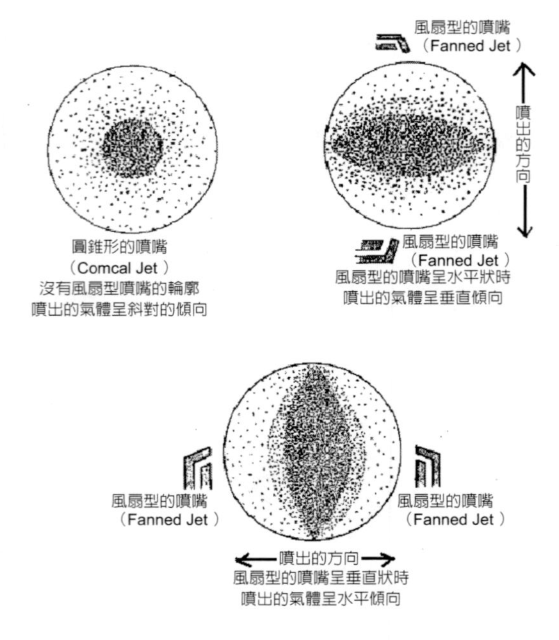

圖8-5　噴嘴和噴出方向的關係

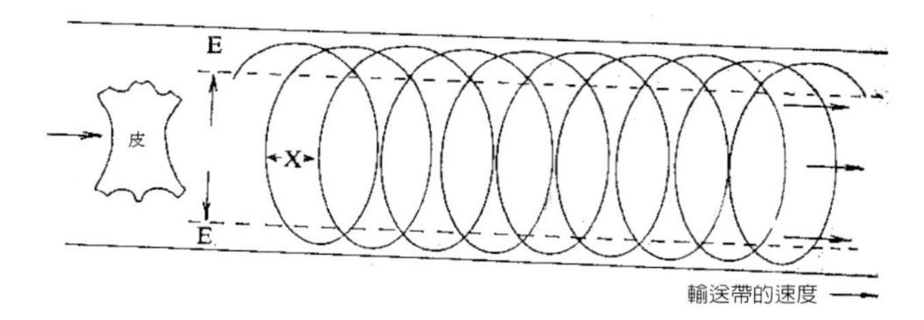

圖8-6　旋轉式噴塗法的圖案

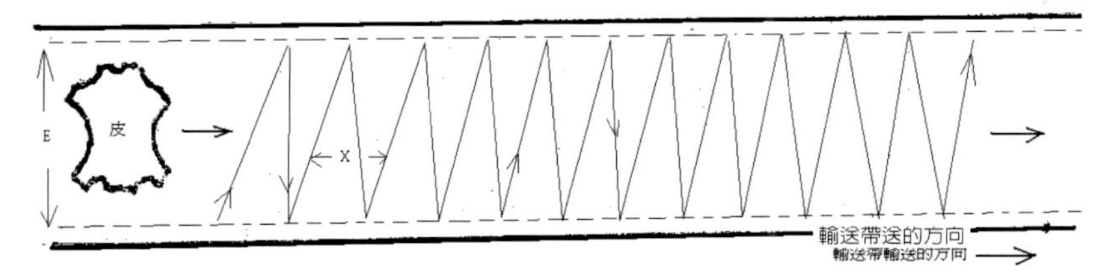

X：槍擺動的速度和輸送帶的速度兩者之間的差距。
E：噴塗機兩側噴出塗飾劑的極端。

圖8-7　還復式噴塗法的圖案

四、滾筒式塗飾

滾筒式塗飾是60年代（西元）經由紡織工業方面研發而成的，直至使用反向式系統的操作後才被廣泛地採用，因塗飾漿的準備容易，操作簡單，生產又快，使用勞工少，大約兩人就夠了，一個人供輸皮胚入滾筒，另一個人只需將輸送帶經由乾燥室輸出的成革拿走，疊皮即可。另外經由滾筒式塗飾機執行底塗飾的效果又比揩漿機及淋漿機佳，因揩漿機的機械手臂於揩漿時常會使軟革產生捲起（Rolling up）的現象，故常用人工代替，而淋漿機不只價錢貴，操作不易，淋漿必需呈幕簾狀不能有間斷或空隙，操作中也必須隨時控制塗飾漿的狀態，例如是否過濾得很好否？是否有沉澱的現象？等等，而且淋漿的黏合性比使用其他機械的黏合性差。

噴漿法常會導至最多有50%塗飾漿的損失，而機械式的揩漿的約有25%的損失，只有淋漿法和滾筒式塗飾法的損失最少，幾乎可說是沒有損失，因兩者都俱有反復使用的系統。

使用反向式滾筒塗飾機（Reverse roller coat M/C）當作底塗揩漿機使用、因可獲得較多的塗飾量，約12～14公克／平方呎，如果使用雕刻粗糙的滾筒作為飽飾工具或剖層革（榔皮）的塗飾，則吸收量可增加約為20～30公克／平方呎，一般手工揩漿法，一次的量約為5～7公克／平方呎。

 滾筒塗飾揩漿（Roller coat padding）的優劣點：

好處：

1. 揩漿密度高且平坦。
2. 肉（背）面乾淨。
3. 動作連續。
4. 適合於長時間的操作。
5. 能預測某段時間內可完成多少平方呎的工作量。

壞處：

1. 僅能處理限定厚度內的革。

2. 必須有良好的維修和保養才能得到始終如一，或前後一致的結果。
3. 必須常更換粗細不同的雕刻滾輪以適應塗飾革的要求。
4. 可能和爾後噴塗層的黏合力差，因為噴塗的機械力小。
5. 假如封層塗飾封得太好的話，則可能造成條紋（streaking）或「魚眼（fish eyes）」，亦即像沙粒般沒被滾塗到。

滾筒式塗飾法也很明顯的比傳統式的噴漿法節省不少的塗飾化料，主要的原因是：

1. 不會噴漿過度
2. 溶劑揮發至大氣中較小
3. 使用稠度較濃，亦即塗飾次數少，用水量少，蒸發較快

滾筒式塗飾機或稱輥塗飾機（Roller coater），有兩種類型〔A〕反向式（Reverse）〔B〕同步或同向式（Synchronous或Forward），含1～4個不同刻紋的滾筒，藉以供給不同的塗飾化料量。飽飾（impregnation），顏料塗飾（Pigment coat）和水溶性上塗飾時使用反向式類型，頂端著色的塗飾（Tipping），印花（Printing）或其他使用量小（最高量為4公克／平方呎）的塗飾則是使用同步式類型的滾筒式塗飾機。

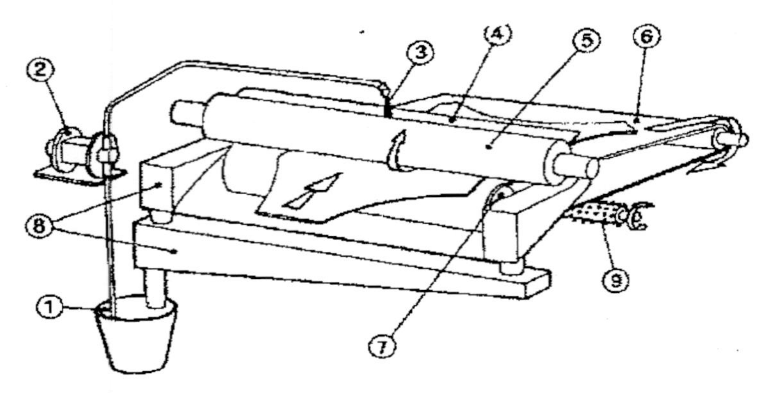

①放塗節漿的容器
②泵
③供給塗飾漿的噴嘴
④供給皮塗飾漿的刮刀
⑤供給皮塗飾漿的刻紋滾筒
⑥橡膠輸送帶
⑦支托滾筒
⑧塗飾漿復返系統
⑨清潔輸送帶的滾筒刷

圖8-8　反向式滾筒式塗飾機（Reverse roller coating machine）的構圖

操作反向式滾筒式塗飾機前需要調整及注意的部份有：

1. 刻紋滾筒（運用滾輪）的速度。
2. 輸送帶的速度。
3. 刻紋滾筒和輸送帶之間的高度。
4. 檢查控制刻紋滾筒起降的腳踏器，以便萬一供給皮入刻紋滾筒時發生問題時用。
5. 適當地選用不同的刻紋滾筒，一般有2～4種不同的刻紋滾筒。
6. 控制刻紋滾筒的滾向（因有些機器含有兩種轉向，即同向及反向）。

同向式或同步式滾筒式塗飾機（Synchronous或Forward roller coating machne）

這種滾筒式塗飾機最重要的是「刻紋滾筒」，如圖8-9，刻紋必需達到某一深度和寬度。

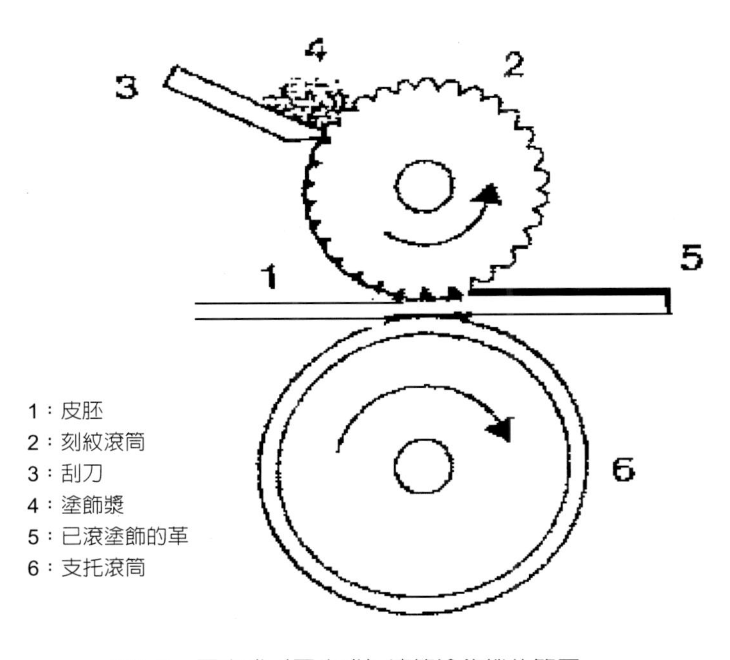

圖8-9 同向式（同步式）滾筒塗飾機的簡圖

一般的刻紋滾筒有兩種類型的刻紋

1. V字狀，呈菱型或鑽石型
2. 角錐形截頭式的鋸齒狀：製造較複雜且價格較貴。

V字型刻紋的滾筒一般使用於反向式的滾塗飾，而角錐形截頭式鋸齒狀的刻紋滾筒主要是使用於同向式（同步式）的滾塗飾，應用於塗飾量少的頂塗塗飾工藝，或特殊的塗飾效果，例如輕壓花後只有頂端著色塗飾的雙色效果，印花等。一般刻紋滾筒的工廠都有常被製革廠使用於不同作用的各種標準刻紋滾筒類型圖解，如圖8-10及圖8-11。

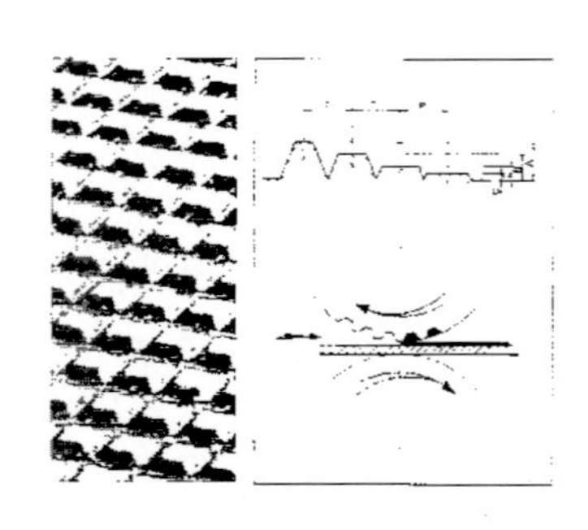

滾筒的型號（反向式）	生產能量（公克／平方呎）	應　用
8/B	33-40	黏著塗層
10/B	24-33	剖層革（榔皮）上的厚覆蓋
10/C	18-27	飽飾及厚塗飾層
20/B	15-25	使用於冷和熱的油或蠟塗飾
20/C	12-18	修面革的底塗層
30/A	10-16	覆蓋於磨砂面革和榔皮表面上，可當移膜用的黏膠層
*30/X	8-12	
*30/C	5-10	使用於乳液塗飾
*30/F	3-6	光油
40F	1-2.5	重壓花革粒面上的雙色效應，即珠粒頂端著色塗飾

圖8-10　反向式滾筒塗飾機

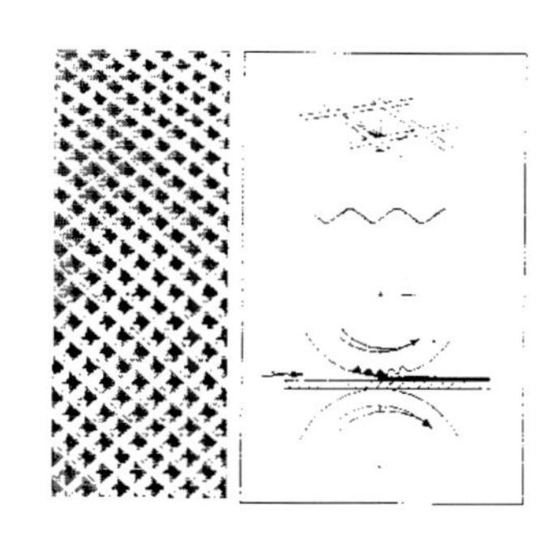

滾筒的型號（同向式）	生產能量（公克／平方呎）	應　　用
8L	12-16	黏著塗層
10L	10-14	
12L	9-13	冷和熱的油或蠟塗飾
16L	6-9	
20L	5-8	苯胺染色
*24L	4-7	輕塗飾的全粒面革
*32L	2-4	光油
*40L	1-3	重壓花革珠粒頂端著色的雙面效應
*48L	1-2	輕壓花革珠粒頂端著色的雙色效果
60L	1	輕壓花革珠粒頂端著色的雙色效果

圖8-11　同向（同步）式滾筒塗飾機

刻紋滾筒和輸送帶的速度是分別控制的，如滾筒的轉速快，則施予皮的塗飾漿量多，相反的輸送帶的速度慢，皮接受的塗飾漿量也多，然而如何能達到有平坦而均勻的塗飾層？則有些限制的因素存在，如果滾筒和輸送帶的速度差別太大，則不可能有令人滿意的結果，一般而言，兩者的速度都在中速範圍內就能得到很好的效果。

依皮胚的厚度，調整運用滾輪（刻紋滾筒）和輸送帶之間的距離（高度），有手動及電子控制兩種。實際上如果設定皮胚的厚度差低於0.3毫米（mm）將尚能勝任，因機械本身對皮胚的公差限制大約是0.3～0.4毫米間的變化，但是如果皮胚一張與一張的厚度變化大，則有些部份會沒有被滾塗到。即使是反向式的滾筒塗飾機對於厚度在1.2毫米內的皮胚，也很難達到有均勻而平坦的結果。

反向式滾筒塗飾機：

簡單的說，滾筒刻紋較粗，滾筒旋轉的方向和皮胚欲塗飾的方向相反，主要是使用於要求塗飾漿量多的塗飾工藝，例如飽飾，染色，修面革的顏料漿底塗飾，及剖層革（榔皮）的塗飾等，使用量約8～30公克／平方呎。

同向式滾筒塗飾機：

適合於有類似照相輪轉凹印板效果的塗飾，如頂端著色塗飾和頂塗層，滾筒屬細刻紋的角錐形截頭式鋸齒狀滾筒，一般使用量約5公克／平方呎）。

反向式滾筒塗飾的塗飾漿並沒有特殊的要求，舉凡一切普通的塗飾化料都可使用，例如顏料漿，樹脂乳液和一切的助劑都能適用於滾筒塗飾的塗飾漿，僅是可能需添加增稠劑（Thickening agent）調整滾筒塗飾漿的黏稠度，藉以避免塗飾漿由滾筒和刮刀之間的空隙漏出。但是使用反向式滾筒塗飾機執行飽飾工藝時，必需要先計算使含有顆粒細緻的樹脂的塗飾漿滲入皮的深度，因此不能使用添加增稠劑的方法，折衷的代替法就是增加飽飾漿的濃度及加快滾筒的轉速以防漏。

粒面或剖層革（榔皮）底塗漿的黏稠度可添加聚丙烯酸酯的增稠劑調整，使黏稠度調整至以4號福特杯量為20～30秒即可，如果黏稠度太高,即秒數越久，乾燥會有問題，可能只有表面乾燥而乾燥面底下尚含有水分，導至疊皮時會發黏。

 反向式滾筒塗飾漿化料混合工藝的舉例處方：

1.飽飾（Impregnation）

250份	顆粒細緻的丙烯酸乳液（固含量：40%）
600~650份	水
100~150份	滲透劑
1000份	

使用量：25~30公克／平方呎

2.剖層革（榔皮）的底塗（Splits basecoat）

200份	顏料漿
65份	蠟乳液
115~125份	水
10~20份	聚丙烯酸酯增稠劑
500份	樹脂乳液（固含量：40%）
1000份	

第一次使用量：10~15公克／平方呎
第二次使用量：8~10公克／平方呎

3.修面革的底塗（Corrected grain basecoat）

200份	顏料漿
75份	填料
40份	石蠟乳液
320份	水
5~15份	聚丙烯酸酯增稠劑
350份	樹脂乳液（丙烯酸或丙烯酸／聚氨酯混合）

第一次使用量：8~12公克／平方呎
第二次使用量：6~8公克／平方呎

同向式，或同步式，或向前式（forward）滾筒塗飾機

簡單的說就是滾筒旋轉的方向和皮胚欲塗飾的方向相同，一般使用於反向塗飾機無法執行的薄皮或軟革，尤其現在大多採用寬幅大，能容納整張皮通過的大型同向塗飾機執行沙發革的塗飾。

使用同向式滾筒塗飾機會產生的問題是使用量小，只有5公克／平方呎，而且塗飾漿的黏稠度較稠，藉以執行一次就能達到所祈望的結果，但常因黏稠度太黏而發生黏滾筒的問題，故需要人一邊將通過的塗飾皮剝離滾筒，一邊放入烘乾室烘乾，另外如果需要再進行第二次滾塗，則結果將會是不很的均勻，有點像斑駁的效果，所以比較不適用於平滑的粒面革，但是可用壓花法遮蓋，雖然可添加流平劑（leveling agent）改善一致性，但通常僅僅部份會成功，所以現在大多於通過同向式滾筒塗飾機後馬上就用噴漿機進行噴漿，如比才能獲得粒面平坦而且外觀均勻，一致。

使用同向式滾筒塗飾機執行沙發革塗飾工藝的舉例處方：

150份	顏料漿
80份	消光劑
40份	石蠟乳液
210份	水
20份	增稠劑
500份	聚氨酯／丙烯酸 黏合劑
1000份	4號福持杯測試約40秒

特殊效果的頂塗塗飾大多使用截頭式三角堆型刻紋的同向式滾筒塗飾機，因比噴槍的操作容易，雖然使用量僅僅3～5公克／平方呎，但比使用同量的噴槍，不管在流平性，或一致性等外觀上都比較好，而且磨擦牢度也較優秀。

通常使用於頂塗的化料有乳化型光油，溶劑型的硝化纖維光油或聚氨酯光油及水溶性的聚氨酯分散液。

因為使用頂塗時的塗飾漿濃度較高，意謂著使用的溶劑量較少，減少了揮發性有機物質（V.O.Cs）的排放量，而且通過滾筒後冒出的溶劑不是呈霧狀（不像噴槍），所以很容易被抽（吸）出處理。

頂塗工藝的舉例處方：

800份	水溶性聚氨酯乳液
25份	手感劑
50份	交聯劑
155份	水

塗飾期間及工藝後的機械工序（machine process during & after finishing）

塗飾工序期間及塗飾後通常所操作的機械運作有下例幾項：

一、油壓機（Hydraulic Press）

溫度越高越會軟化樹脂、蠟、及油等塗飾劑，並誘導塗飾漿滲入革的表面，而且有些樹脂屬熱可塑性，因反應易形成膜而固定及因使用平板熱壓所以粒面會平滑，但溫度太高則可能導致黏合劑或樹脂發黏，故一般使用60～80℃／60～80kg的平板熱壓，時間因塗飾材料的不同而異。頂塗塗飾後的熱壓通常只需輕輕接觸即可，即最多約1～2秒。油壓機易可當作壓花機使用，只要將平板換成所需要的花板即可，但需要提高壓力、溫度及延長時間。

二、滾燙壓機（roller ironing press）

其原理是滾筒是以滾筒的最外邊和革面成「線」的接觸，滾筒的轉動使「線」移動成「面」和革面完全接觸，因「線」的受力比「面」的受力大，所以通常使用的壓力約40kg比油壓機低，而熱則大多使用油熱法，因導熱快且較均勻，操作前需先調整輸送氈的速度。可使用於塗飾中，亦可使用於塗飾後，但需降壓及調快輸送氈的速度。

三、滾燙機（roller ironing machine）

亦可稱「芬妮佛雷克斯（finiflex）」，觀念來自洗染店的燙褲機，屬低壓式的滾燙，約5kg，適用於軟革塗飾後的燙光。

四、打光機（glazing machine）

適用於塗飾中及塗飾後燙光前。

五、拋光機（polishing machine）

只適用於塗飾過程中，藉以改善光澤性及粒面的天然性和平滑性。

六、搓紋機（boarding machine）

將粒面的粒孔紋搓成「＋」、或「／」、或「x」等紋路，適於頂塗前，或塗飾後使用。

七、滾燙壓花機（rolle printing machine）

滾筒有刻花紋，使用原理和滾燙壓機相似，但需調溫、調壓及輸送氈的速度。亦可使用於手感噴塗前。

第9章

打光塗飾（Glazing finish）

苯胺革的打光工藝是最古老也是最亮麗的皮革塗飾工藝，當初的研發是直接由皮胚經人工操作打光機製造，所以用現代化的其他機械是無法複製的產品。打光的動作猶如「捶」、「拖」的行為，操作者必須要有經驗而且非常熟練。打光機的結構是由馬達帶動裝有約3呎長機械臂的飛輪，機械臂端裝有直徑約2吋，長度約6吋圓柱形的瑪瑙，或玻璃棍，或平滑的鋼棍。因飛輪的轉動使機械臂能返復地撫擊（Stroke）置放在桌面覆蓋著3呎長，4吋寬厚栲膠皮的塗飾革上，控制「捶（壓力）」在革面上及「拖」產生磨擦而生熱，使酪素變硬同時也會使革面平滑，進而增加光澤度。壓力是由一個腳踏板或電子控制板控制，並且要不斷的移動塗飾革，直至機械臂完成全部革面的撫擊，亦或革面的光澤度己達到要求。所以打光的原理是來自瑪瑙，或玻璃棍，或平滑的鋼棍撫擊塗飾革時因摩擦生熱，形成光澤，並能加強色的明暗度，不過如果磨擦的溫度太高，可能導致革內的油脂昇華，使色調雖然加深，但卻遺失了色彩的光澤性，故需慎選酪素的抗熱強度。

打光革的特性是使粒面平滑，增加彩色底的光澤性，因為大多數的打光工藝不含顏料漿所以能看到細緻的，多孔性的粒面組織及彷彿可以「看透皮」，故打光革的外觀可用「晶瑩惕透」來表達，另外打光革尚具有透氣性及可再被*「拋光」等特性，不過乾，濕摩擦牢度，延展性，及曲折性差。由於遮蓋力弱，所以需慎選無任何損傷的粒面革方能進行這方面的塗飾工藝。打光革大多使用於小動物皮，例如爬蟲類（reptile），小山羊皮（kid），小牛皮，小水牛皮等，很少使用於體型較大的動物皮，例如牛皮，水牛皮。以前的打光工序需重複操作2～3次，但是現在為了提高生產量，已減少操作的次數，都是在執行最後的打光工序時採用*「拋光」或熱壓燙光的動作加以補充。

最早使用打光工藝的革是栲膠革及半栲膠革（Semi-Chrome），而且時常不需任何塗飾工藝，直接由皮胚就執行打光的工序。鉻鞣革如想直接執行打光的工藝就比較困難，必需有適當的塗飾工藝配合，而且皮身不能有延展性，否則捶拖時會使粒面打摺或陷入，另外肉面必需經過削肉，去除粗糙的纖維，使肉面呈平坦狀，否則經撫擊後肉面的形狀會呈現在粒面上，很像打光不規則，不均勻，而且會被黏住，因經高壓撫擊後，肉面表面的油因熱及壓力下和桌面的栲膠皮產生黏合，所以最好是打光之前，用400～600號的砂紙輕磨肉面及噴些酪素蛋白溶液（用水稀釋）。

打光塗飾所使用的化料（黏合劑或樹脂）必需屬非熱塑類才能經得起打光磨擦所產生的熱，否則會被熱熔或被熱消除。熱不可塑的物質（非熱塑類）有乳類（Milk），公牛血（Oxblood），蛋白（Egg albumen），乳酪（酪素Casein），蟲漆（shellac），這些物質被使用於具有保護革面的光澤性已經有好幾個世紀了，現在歐洲仍有些工廠持續在使用，尤其是義大利和西班牙，為的是要求打光品質的自然性和高檔性，不過如今已有些合成的物質侵占及代替這些古老的物質，然而蛋白，乳酪及蟲漆仍是持續被使用，而公牛血因不容易買和保存，所以已沒有人繼續使用，由於它是黑色打光最好的材料，這也是為什麼？現在已經沒有（或很少）打光的黑色皮革。

通常打光工藝使用的酪素黏合劑（Casein binders）大多是8～15%的溶液，打光性質佳，故打光後光澤度很好，如再噴甲醛固定或類似能和酪素反應的化料就會具有抗水性，酪素黏合劑能用硫酸化蓖麻油或蠟乳液塑化使成膜更具曲折性。

天然的蛋白黏合劑（Egg albumen binders）比酪素黏合劑硬，常被使用於最後的塗飾層或酪素塗飾層後的上光塗飾工藝，藉以增強光澤度或較乾燥的手感。蛋白於60℃以上的溫度，會形成對水的不溶性，當然於烘乾箱內或打光時都很容易達到這溫度。

蟲漆（shellac）是溶解於弱鹼液的塗飾天然黏合劑，打光工藝時它結合了酪素藉以改善曲折性（Flexibility）和濕磨擦牢度，但是如果用量過多，則會導致操作打光動作的困難，因它屬熱塑類的黏合劑，打光時所產生的熱可能會造成革面有污跡斑斑的現象。

色皮塗飾的打光工藝所使用的色料不外乎是染料水及顏料漿，但所選用的顏料漿顆粒必需非常細緻，不能含任何樹脂的成分，而且對酪素有很好的分散力，藉以避免打光撫擊時，膜被磨擦撫擊移走。顆粒如果不夠細緻，打光時會有形成色的捶拖痕。打光工藝酪素的塗飾膜是很薄的，即酪素的用量不多，所以顏料漿的用量也不多，除了黑色外，大約是50～80公克／每公斤的塗飾漿，但是淺色和白色需要多些量，或許多至100公克，不過量多則不易固定。黑色的打光塗飾漿，一般寧願使用染料水比顏料漿多，如此可以加強色調的強度，因打光革對色調的強度比遮蓋性重要，所以大多以少量的碳黑及染料配合使用，期望能達到色調的強度及對缺陷也能達到某種程度的遮蓋。

打光工藝的工序一般是採用陽離子性或陰離子的天然化料當封層底塗，防止革面的吸收，完全乾燥後，打光或*「拋光」，或顏料塗飾，藉以著色和遮蓋，乾，再使用硬的酪素黏合劑，或蛋白黏合劑，或兩者混合當作清晰的上光塗飾（Season），乾，用甲醛溶液（Formaldehyde solution即福馬林Formalin）或其他的交聯劑固定，使上光塗飾成為不溶性，亦即有抗水性。甲醛是一種價格便宜而且非常有效的固定劑，但是會威脅到操作者身体的健康，歐洲已被禁用，除非噴漿設備使用流水或瀑布式的系統和非常有效的抽風設備，或使用現已研發出各種安全性及固定效果類似甲醛的化料代替，當然這些都會增加塗飾的成本。

【註】

拋光（Polishing）：拋光機的構造是由石頭或毛氈形成有凹槽的滾筒，其目的是使粒面光滑而平坦。毛氈較軟，作用於皮的力量較柔和，一般使用於較精細的粒面結構，而使用石頭拋光的皮大多數是粒面較硬，例如牛皮或小水牛皮，但是因對粒面的平坦效果較強，可能導致粒面鬆弛，即粒面的緊密度遺失，甚至於造成鬆面（Loosen grain），故操作前需先測試壓力，爾後再以最適宜的壓力執行拋光的工序。

經固定後的塗飾革，乾燥，必需完全乾燥，否則即使含一點濕氣，就不能執行打光工藝及產生高光澤的效果。執行最後的打光工藝時，需使用壓力高的打光工序，後藉高溫燙平（油壓機或滾燙機）增加光澤度，如此才能達到清澈而似下沉的外觀。

工藝處方的舉例如下：

前處理

50份	工業用酒精
850份	水
100份	乳酸（Lactic acid）
	揩漿，藉以清潔粒面，堆積過夜，保証粒面皆已回潮。

陽離子性的封底塗層

50份	陽離子性的顏料漿
200份	陽離子性的酪素黏合劑
10份	陽離子性的蠟乳液
740份	水
	交叉噴1~2次，乾。

或

陰離子性的封底塗層

50份	顏料分散液
200份	軟性酪素黏合劑
750份	水
	交叉噴1~2次，乾。

顏料底塗

100份	顏料漿
100份	酪素黏合劑溶液
750份	水
5份	硫酸化蓖麻油（增塑劑）
	揩漿，噴漿，藉以覆蓋揩漿痕，和改善色調的均勻。

打光塗飾

200份	硬的酪素黏合劑
100份	蛋白溶液
700份	水
	噴，乾。

或

打光塗飾

750份	水
250份	酪素黏合劑溶液
	噴，乾。

固定

250份	甲醛（40%溶液）即福馬林（Formalin）
750份	水
0~5份	醋酸
	噴，乾，打光。

可能因為皮身各部分的柔軟度或厚度不一致，以致造成打光後，光澤不勻，如此可將固定再噴一次，乾後再噴一次，乾燥，打光。

黑色的塗飾為了避免產生「灰色效應（Grey Effect）」都會有最低使用含量（固含量）的限制，而由酪素黏合劑組成的光澤性黑，則需添加高濃度的透明性黑染料，例如：苯胺黑（Aniline Black或nigrosine）。底塗添加硫酸化蓖麻油的目的是將酪素黏合劑加以塑化，因打光塗飾必需硬些以利「打光」。

如果想要得到更好的「苯胺效果（Aniline effect）」，則將底塗的顏料漿量減少，而以有機顏料或苯胺染料等透明的色料代替，但胚革本身的色調必需非常的均勻。

革粒面的條件是非常重要的，除了不能有擦，抓，割的傷痕外，尚需粒面的色彩非常均勻，而且不能太油膩，不過油膩可混合20%的丙酮（acetone）和5%的氨水清除，但是如果粒面吸入太多，致使底塗沉入粒面，影響光澤性，如此則需添加陽離子性的酪素黏合劑溶液當作封層塗飾，爾後再執行底塗。

經「打光」工藝後，革的外觀會特別強調未曾「遮蓋」的較小傷疤、蝨瘢疤和較粗糙的頸粒孔處，但「遮蓋」又會降低「打光」的效果，而熱壓也得不到「打光」的效果，是故除了執行「封層塗飾」外，尚有一種方法，即是先行「拋光（Burnishing）或polishing」後，再執行執「打光」工藝。亦即「打光」工藝前先輕噴一層由水溶性的溶劑型滲透劑，及不發黏的聚合物分散液組成的「拋光塗飾液」，乾燥後經由拋光機，或經由倒裝磨砂紙的磨砂機拋光後，再執行以酪素為主的「打光工藝」。如不執行「打光工藝」，亦可執行其他工藝，例如：輕噴一層其他含有色彩的聚合物黏合劑，再施以熱壓，或熱滾壓。

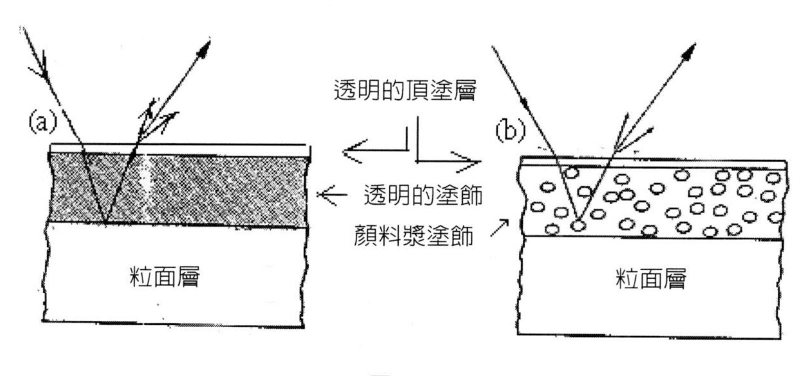

圖9-1

【註】

（a）苯胺革的塗飾：革面上是明亮的染料，透明性的塗飾層及頂層，反射能從粒面層的表面，故外觀是真實而亮麗的粒面。

（b）顏料漿的塗飾：由圖可知反射光是從顏料的顆粒，所以外觀上可能無法看到粒面的真實性。

第 10 章

酪素蛋白的塗飾（Casein或Protein finishing）

上光塗飾（Season）

使用透明膜或覆蓋膜，經塗飾後具有光澤、手感或各種堅牢度且能使革面的外觀很自然猶如所謂「視如苯胺表面（Aniline look）」的塗飾法通常都關連著「上光塗飾」的工藝。

「上光塗飾」傳統上是使用水溶性稠狀的蛋白膠質，例如將如酪素（酪蛋白Casein）、蛋白（Egg white）、明膠（Gelatin）或血清蛋白（Blood albumin）摻和澱粉類，如澱粉（Strach）或糊精（Dextrin）等使用，這些產品大多數是屬於天然類，易腐敗而不易均勻，故需添加殺菌劑及於適宜的濕度和溫度才能使用，所以現在大多使用合成的化料。

一般常被使用的天然及合成上光劑的物料，參考使用濃度及其優點如下表；

物料名稱	稀釋法及使用濃度	優　　點
酪素（酪蛋白）（Casein）	1～2%的鹼性溶液	光澤佳，耐拋光，粒面填充尚可。
亞麻子粘質（Linseed mucilage）	2%於正煮沸的熱水	光澤鈍，粒面填充佳，手感柔軟而溫順。
纖維素醚（Cellulose Ethers）	1/2%溶於水	光澤鈍，粒面填充最佳。
水溶性乳化型硝化光油（Water base EM NC lacq.）	1：1溶於水	抗水，耐濕磨，有光澤，熱壓板不粘。
溶劑性乳化型硝化光油（Solvent base EM NC Lacq.）	溶於酮或酯類的溶劑	抗水更佳，手感特殊，結合牢度佳。
溶劑型的乙烯基樹脂（Vinyl resin in solvent media）	溶於溶劑	耐濕磨擦牢度拯佳、耐屈曲及磨損性佳。
聚氨酯類（Polyurethanes）	溶於溶劑	高濕感的光澤性，可水洗，耐久性。
水溶性聚氨酯分散液（P.U.dispersed in water）	溶於水	耐磨耗性佳，屈曲性及抗水佳亦佳。
聚氨酯和硝化纖維葉的分散液（P.U.& N.C dispersions）	溶於水	如同水溶性聚氨酯分散液，但手感較佳。

使用溶劑稀釋的上光劑，塗飾後皮纖維就不具有水合作用（Hydrasion）。

【注意】

假如上光塗飾使用於水溶性的底塗層上，那麼上光塗飾層必需要結合牢固（Anchorage），藉以抗剝離（Resistance for Peeling）。

如果添加不成膜的蠟劑，染料，油和顏料於上光劑內，則上光劑不僅只是形成膜，尚需負責和革面的接著，猶如所謂的黏合劑（Binder）。

上光塗飾的添加物

天然上光劑的水溶液能形成一層透明，柔軟或具有曲折性的薄膜，其實本質上沒有一個天然的上光劑是具有柔軟性，但是因為使用量少，成膜薄，而且乾燥後膜會形成很多眼睛看不到的微細裂縫，所以感覺柔軟，有曲折性，也因而將天然的上光劑的膜歸類於「不連續膜」。

一、油

添加10～25%黏合劑量的硫酸化蓖麻油或亞麻籽油，藉以加強成膜裂縫間的潤滑及部份滲入粒面層，改善表面的柔軟度。使用量多，則會形成油膩或油污感的塗飾。用量少則有助於打光工序，這時添加的油僅是乳化於黏合劑內，並不是增塑劑，因為油不是黏合劑的溶劑。

二、蠟

一般使用的蠟，大多數約10～15%的固含量。傳統上使用的乳化劑是「皂」，但現在都使用非離子或陰離子界面活性劑，因為「皂」和酸性皮接觸時會減少蠟液的回濕力。使用量約為黏合劑固含量的5～10%，藉以賦予蠟感，減少打光時的黏性，增加熱壓或壓花版的離板性和皮與皮之間的相黏性。雖然蠟不能改善抗水性，但會增加塗飾層的回濕力。傳統上是使用石油蠟及巴西棕櫚蠟（Carnauba Wax），但現在大多使用合成蠟。

三、高明度染料

陰離子染料具有高度的色值且能溶解於黏合劑的溶液內，並於革面上形成透明的彩色。一般使用是為了加強色調的鮮豔性，也能使用於色相的調整。染料的鹽份含量需低，否則易於革面形成結晶，抗水性、抗水滴或雨滴性差。

特別是黑色的上光塗飾，可能需要使用較多量的黑色染料，故最好是將有機的黑色顏料添加於黑色染料液內。

四、固定劑

所有水溶性的上光樹脂，都不具有水洗或濕摩擦堅牢度，為了使蛋白塗飾減少對水的敏感性，增加濕摩擦堅牢度，通常都會在塗飾後，再噴一道能固定蛋白的固定劑溶液，例如使用酪素塗飾後，再噴10%溶液的福馬林（Formalin一般約為40～45%的甲醛水溶液）施以固定。

醋酸能固定不溶解於酸的酪素塗飾。其他的固定劑尚有鉻鹽，陽離子性的樹脂等等。

有時在使用酪素溶液前，可以先添加5～10%或少量的福馬林於酪素溶液內混合使用，藉以增加堅牢度，但是混合後必須立刻使用，否則約一小時後，已混合的酪素溶液會膠化或沉澱。

已被色彩化的上光塗飾膜仍能維持它的透明性，故仍可清晰地看到純而自然的粒面。乾燥後的上光塗飾，可進行熱壓或打光的工藝。

水溶性上光黏合劑系列所形成的膜

黏合劑內的水分遺失後，因膠凝作用使大的膠質粒子聚集一起，爾後於乾燥時因收縮而形成牢固的凝膠，但收縮的程度受分子間連接的交聯鍵限制。蛋白類黏合劑的交聯鍵強於澱粉衍生物類的交聯鍵，形成的凝膠膜傾向於具有微裂紋，使用時稀釋越多，膜越薄，裂紋將越顯著，但也因產生這種微細的裂紋，使蛋白類黏合劑所形成的不連續膜具有柔軟性及曲折性。

添加「增塑劑」即可增加蛋白黏合劑的曲折性，為了達到這種目的，時常配合使用少量的濕潤劑（Humectant），藉以使膜保留些水分，例如添加約1%的甘油（丙三醇Glycerine），或乙二醇（Glycol），但添加硫酸化油更好，不只能減少手的粘感性，而且能賦予裂紋間的潤滑性及使膜有較佳的抗水性。

合成的水溶性膠質，例如：聚乙烯醇（Polyvinyl Alcohol），雖然可使用，但優於天然膠質有限，所以不常被使用。

總之，當有要求曲折性時，不能使用厚的膜。一般的工藝是先使用薄膜，當震軟（Vibrating）或鏟軟（Staking）、打光或壓光後，再施予另一層薄膜，直至達到所需要的光澤度。

我們可以使用揩漿法（Padding），刷漿法（Brushing），噴漿法（Spraying）或淋漿法（Curtaining）將黏合劑的溶液施於革的表面上，待水分因蒸發而遺失，留下已乾燥的黏合劑及其他的助劑於革面上，但有些水分則由革面上透氣的地方滲入革面內，被粒面纖維吸收，因這類型黏合劑所形成膜屬不連續膜，所以這些被吸收的塗飾革面，即是決定膜的存在位置及其特性。

假如黏合劑溶液被吸收入粒面下的量多，只留少數在粒面上，則會失去光澤的效果，已滲入纖維結構的黏合劑，乾燥後會呈硬膠似地和纖維黏合在一起，結果是粒面變成較僵硬，故大多數上光黏合劑的使用量約1～2%的濃度，即是有足夠的黏度，易於揩漿或噴漿即可，然而，假如使用量超越危急的濃度之上，即黏度增加，則會導致膜的膨脹，阻礙爾後的滲透，也可能導致變硬。

皮纖維的表面不是惰性的化學物質，所以能和水反應，使纖維回濕或水合。

濕纖維可能顯示酸度是陽離子，或陰離子，如此，當黏合劑溶液滲入纖維時，因反應可能沉積或凝膠在纖維的表面上，僅允許水的滲入。

假如粒面不能馬上回濕，上光塗飾劑可能經由毛髮細管或擦損處滲入，致使光澤度降低，且有些僵硬，如此，塗飾前需要先使用溶於水，醇，或乳酸（如有鉻皂發生的話）的界面活性劑（回濕劑），採用揩漿法或刷漿法處理粒面。

必需注意的是，水合作用時，纖維會因膨脹而扭曲，亦即粒面會有明顯的突出，但當水分蒸發後，又會塌陷，使膜變形，變弱。

如果皮內的酸度導致黏合劑的凝聚（Coagulation）或膠凝（Gelling），那麼這一類型的黏合劑，例如：酪素，僅能溶解於碱（PH8～9），當它們滲入酸革後因凝聚，膠凝便會預防爾後的滲透。

濕潤的纖維因PH，鞣製，使用的染料及油脂劑的種類而會呈現出帶陰離子或陽離子電荷，所以假如黏合劑所帶的電荷和纖維的電荷是相異的，則會產生凝聚。酪素溶液和許多的聚合物溶液都帶陰離子電荷，它們對帶有強陽離子電荷革的滲透會有所被限制，例如：礦物鞣劑鞣製，鹼性染料和陽離子性油脂劑，但因限制，所以導致革表面才能形成較有光澤性的膜。

第 11 章

漆皮和易保養的塗飾
（Patent Leather & Easy care finishing）

所謂「易保養塗飾」即是經塗飾後的革，保養、維護容易，只須使用乾，或濕的軟纖維布擦拭即能清潔粒面，而且不影響原來的色彩及光澤，但是如果想要執行這種工藝，則需了解所使用聚合物的一些基本性能，諸如溶液的黏度是否適合？及能否添加其他化料，藉以改善至所需要的特性？大多數的工藝都採取以反應性的丙烯酸顏料漿為底塗，爾後頂塗以二次式聚氨酯光油噴塗為主的工藝。例如修面半邊革（Corrected Grain side Leather）。

經飽飾工藝後顏料塗飾可參考下面舉例的方法：

150份	顏料漿
20份	蠟乳液
250份	反應性的聚丙烯酸分散液
750份	水

揩漿,使用量約8公克／平方呎，乾，以65℃、150公斤／平方公分溫壓板，揩漿，噴漿，乾，溫壓板。上光塗飾；約9份的氨基甲酸乙酯（脲酯，尿烷urethane，亦即聚氨酯PU的單體）和1份的氨基甲酸乙酯硬化劑，最好是使用前才混合這兩樣化料，噴量約

15公克／平方呎，當然這類化料的混合比例及使用量最好是依據供應商的推薦使用法及使用量，不過噴槍的系統裡包括壓縮機，輸送管等必需乾淨,且不能使用水或酒精清洗，只能使用有機溶劑清洗，或用光油本身所適應的溶劑清洗。

易保養的塗飾有兩種：

一、漆皮塗飾（Patent Leather finishing）

一般執行於修面革（corrected grain）或磨珠面革（buffed leather），且必需於乾燥的大氣壓下「無塵室（dust-free chamber）」裡執行工藝，屬多塗層式的塗飾，層與層之間需經油壓機輕壓，如此才能使粒面平滑及有光澤，頂層塗飾需較硬，成膜堅韌，且具高光澤（High gloss）。

這種於乾燥過程中進行聚合作用（Polymerization）後所得到相當厚，且具高光澤的膜，不只曲折性佳，而且不會因老化變硬，但不透氣是膜的缺點。

二、聚氨酯塗飾（Polyurethane finishing）

為了使老式漆皮塗飾裡使用亞麻籽油的工藝更簡化，及有更多，更優秀的堅牢度特性，尤其是老化（ageing）及磨損（Scuffing）方面，首先由德國拜耳（Bayer）研發出以聚氨酯代替古式漆皮塗飾的工藝，更由此擴展至其他廣泛的塗飾工藝，諸如高光澤的塗飾革，易於保養的擦拭革或其他新穎效應的塗飾革，例如：具有濕光感（Wet Look）的塗飾革等。

最初使用聚氨酯塗飾的工藝分成二個步驟，首先是單獨使用不含烴基（Hydroxyl）或胺（Amine）群的高分子量聚酯或聚醚於革面上，形成非常柔軟，易曲折，但抗磨損性差而且易溶於許多有機溶劑的膜，之後再用含交聯劑的聚酯或聚醚，藉以加強抗磨損性，及使最後的成膜不溶於有機溶劑。交聯劑沒有成膜性，一般使用的是二異氰酸酯（Diisocyanate），當然還有其他商業性交聯劑的產品。

第一步驟和第二步驟會因交聯劑的反應（固化Curing）而混合在一起。交聯劑的固化反應過程需要的是時間。未固化前柔軟的膜會於固化後變成更堅韌，更牢固且不溶於溶劑的膜。簡單的固化反應式如下：

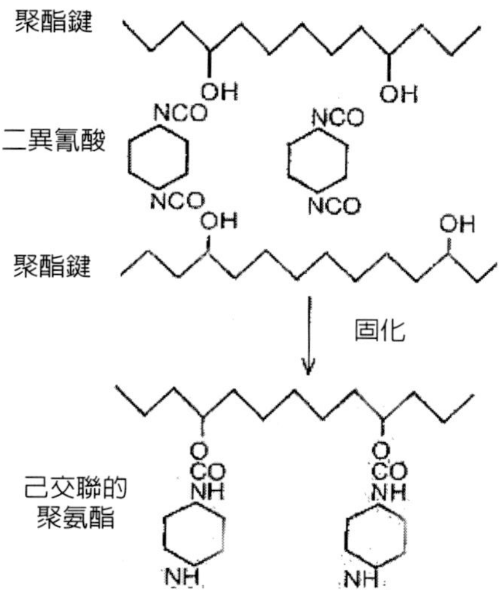

聚酯鍵
OH OH
NCO NCO
二異氰酸
NCO NCO
OH OH
聚酯鍵
固化
O O
CO CO
己交聯的
聚氨酯
NH NH
NH NH

慎選交聯劑（如二異氰酸酯）的類型和使用量，以及固化的條件，例如時間，和控制聚酯內所含羥基群的反應數量才能得到很好的塗飾膜，但是交聯劑用量越多，塗飾層越硬，曲折性越少。

現在這類型的塗飾不再單獨使用單體簡單式的聚酯類，可能是混合的，或反應式聚合物的共聚物或多元醇類（Polyols）和類似交聯劑的產品使用。

「一次性的使用系統」是將聚酯和交聯劑混合在一起使用，其原理是使塗飾漿內能於使用前，交聯劑即能和小部分的聚合物立刻反應，形成不溶性的物質，藉以防止交聯劑產生連鎖反應（Blocking），形成自行封閉。

將已混合的塗飾漿塗佈或噴至皮表面形成膜時就會發生「反應」。溶劑揮發後的實際濃度，塗飾時週邊的溫度，有時可能因大氣壓下的濕度，致使膜形成前含有少量的水份，這些都是影響「反應」的因素，膜經反應後稱固化膜（Cured film）。

我們必需注意且銘記於心，水和醇都可以和二異氰酸酯的交聯劑使用，故執行塗飾及使用噴槍前，必需清理乾淨這些設備，並保持乾燥。

總知、首先使用聚酯並以「二次塗飾的系統」當作漆皮塗飾的目的是用以代替使用「煮沸的亞麻子油」的老式漆皮塗飾法，使成膜具有更高的光澤性，更佳的曲折性，更長的耐用性，更久的老化特性，更能減少對溫度的敏感性（如發黏，變脆）。

聚酯漆皮的塗飾層很厚，固化的時間端視塗飾層的厚度，但是如果於固化時一旦膜產生潮濕或發黏的現象，以致於有塵埃沾在膜面上後，即形成永久性損毀的外觀，這是為什麼執行「漆皮塗飾工藝」需要在所謂乾燥大氣壓下的「無塵室（dust-free chamber）」裡進行，直至固化反應完成。

如以水溶性的顏料漿和聚合物分散液為底層塗飾（base coat）或封層塗飾（seal coat），當然主題需具有良好的曲折性及固定性，再進行「二次性」或「一次性」的「漆皮塗飾工藝」，亦可得到易保養性濕光感（Wet Look）的塗飾革，及發亮的鞋面革。當然如以水溶性塗飾漿作為底層或封層塗飾後，爾後噴一層硝化纖維乳液或光油，待完全乾燥後，再執行「一次性」的聚酯塗飾工藝，基本上這時侯是不需要在「無塵室」內進行，但需慎選聚酯的成膜性，即膜需於數分鐘內乾且不發黏。如果因調整聚酯和交聯劑之間的比率，藉以加速固化的速率，則會導致膜太牢固，猶和自行封閉，如此則容易和底層塗飾剝離，及禁不得曲折。

如果選用易揮發而且使用量多些的溶劑稀釋聚酯和交聯劑，則能達到快速乾燥且不發黏的膜，不過仍需要注意的事項是因溶劑使用量多，可能導致底層或封層塗飾的膨脹過分，因而降低了底層或封層塗飾對皮粒面層的黏合性，故事先需測試溶劑在不影響黏合性且能快速乾燥而不發黏情況下最適宜的使用量。

聚酯除了和適宜的交聯劑或特定的溶劑混合使用外，絕對不能和其他混合使用，例如：染料，因其他的添加物可能會和交聯劑反應，致使固化效應降低。

「一次性」塗飾工藝系統的不利在於混合後的塗飾漿，因交聯劑的存在，開始具有時間限制的適用期「pot life」，亦即混合交聯劑後的塗飾漿必需於適用期內用完所準備的量，超過適用期的殘量，則已無使用的功能，為了避免這種浪費，常將不含交聯劑的塗飾漿混合準備好，使用前再視所需塗飾漿的量，依比率混合交聯劑後再使用於塗飾革的革面上。

交聯劑（Cross-Linker）

交聯劑的作用是加強連續性膜的固定性，穩定性及各種物性。另例舉二項如下；

一、改良性的聚1－氮雜環丙烯（Polyaziridine），即聚次乙亞胺（Polyethleneimine）

特別適用於水溶性的塗飾劑或聚氨酯樹脂的頂塗工藝，例如漆皮。一般的使用量約為樹脂（固含量40%）量的2～4%。添加此劑於塗飾漿內，混合後的適用期（pot life）為8～12小時。

二、不變黃的異氰酸（Non-yellowing Isocyanate）

適用於溶劑型的交聯劑。對光油乳液和樹脂聚合物的頂塗飾而言是一個非常好的交聯劑。使用量約為10～15%的光油量，或5～10%的樹脂（固含量40%）量。添加此劑於塗飾漿內，混合後的適用期（pot life）為12～24小時。

第 12 章

各種革類的塗飾理念和範例

如何構想塗飾工藝的處方 (How to formulate for finishing)

由於環保及安全性的考量，目前大多數的製革廠都捨去老式的溶劑型塗飾工藝而傾向於儘量少用溶劑，或完全使用水溶性的塗飾工藝。當初因為如果使用水溶性的頂塗工藝時，有流平性，乾濕磨擦牢度及光澤性低的問題，但這些問題現在都已被克服了。

決定工藝處方前需考慮的事項：

(1) 那一類的塗飾革？是服裝革？亦或是鞋面革？或……？

(2) 所要求的堅牢度有那些？

(3) 先檢視要塗飾的胚革粒面的品質及吸水性，決定是否需輕或重磨粒面？是否需要添加滲透劑於底塗漿內？或需要進行封層塗飾？

一個工藝處方不可能達到所有的物性和堅牢度的要求，是故不同類型的革製品，甚至同類型，對物性和堅牢度的要求也不同，例如服裝革大多僅要求有適度的黏合，抗磨損，抗水斑和手感，而鞋面革則是以抗磨耗，抗乾濕磨擦及耐曲折較多，尤其是汽車座墊革對物性的要求是最嚴厲的，雖然有些的要求和實際使用時並沒有任何關連。例舉革類基本特性的要求：

一、粒面服裝革

1. 塗飾膜必須和革的粘著牢固。
2. 塗飾層必須均勻，且無任何的條紋痕，或深淺不調和的現象。
3. 操作容易，不能太複雜，成膜性易乾燥，但不能發黏。
4. 塗飾膜必須柔軟，且需具有一定良好程度的伸直性（stretch）。
5. 易維護。

二、手套革

1. 必需具有良好的曲折性（flexibility）和伸縮性（elasticity）。
2. 外觀自然，易水洗。

三、裝璜傢俱革（例如沙發革）

1. 耐曲折，耐乾濕磨擦，尤其是乾磨擦，耐碰擦傷性。
2. 極佳的黏著性，外觀自然。

四、鞋面革

1. 耐碰擦傷，易維護，耐曲折，黏著性佳。
2. 粒面褶紋細緻，可能尚需具有抗水性（依客戶需求）。
3. 抗溶劑性。
4. 抗熱性，透氣性佳。

粒面褶紋（Break）

鞋面革品質的標準尺度最重要的是「粒面褶紋」。將皮的粒面向內對摺時，粒面所產生的皺紋（wrinkle）或褶紋（crease）稱為「粒面褶紋」，猶如走路時鞋面所產生的屈折現象。

如果粒面鬆弛，或俗稱鬆面、碰花（Loose Grain），對摺後，將呈現大而鬆的皺紋，另外如果塗飾膜太硬的話，那麼這些皺紋將會形成類似銳邊的褶紋，如此則無法獲得「沒粒面褶紋」或「細緻的粒面褶紋」等最佳塗飾品質。塗飾前粒面褶紋的優劣，決定於鞣製成胚革的各種工藝，如浸灰，鞣製，再鞣和加脂等，特別是胚革的回潮，剷軟及磨皮。

假如胚革本身的「粒面褶紋」就不是很好，萬一又得不到正確的塗飾工藝，那麼結果會更嚴重，所以塗飾前需慎重的考慮如何改善「粒面褶紋」？基本上，一般於顏料底塗時都儘量使用含抗磨損的軟性膜，而且越軟，越好，但不能發黏，爾後使用較硬的膜塗飾，藉以改善磨損牢度及乾磨擦牢度。

執行顏料底塗於粒面上的塗飾漿必需有適當的滲透。滲透淺，黏著性不夠，磨擦牢度差，但「粒面褶紋」較好。反之，滲透深，黏著性佳，但「粒面褶紋」較粗糙，故如能控制底塗滲透的程度，才能得到較佳的「粒面褶紋」及各種堅牢度的結果。

對修面革而言，因已用砂紙磨去受損的粒面，致使粒面張開，為了爾後「壓花」所形成的「假粒紋」有較佳的「粒面褶紋」，最好的方法是塗飾前先執行所謂「打碰花，亦稱飽飾或乾填充Impregnation」的工藝，將飽飾用的聚酯溶液添加含有交聯催化劑的碳氫溶劑塗飾在己磨粒面的胚革上，使用量（必需一次完成）約每平方呎含12公克的樹脂（固含量）。

操作「飽飾工藝」最重要的是必需使飽飾液非常均勻地分佈於粒面上，一般除了用手操作的「揩漿法（pad）」外尚有最受歡迎的「淋漿法（curtain coat）」。飽飾液內的碳氫溶劑必須在皮纖維未發生水解前滲入粒面層和網狀層的交界處，因在此處才能加強或固化纖維的組織（粒面層和網狀層之間），進而促使粒面的皺紋有減少或消失的傾向，如此粒面褶紋才可以得到改善。假如滲透不能勝任，則飽飾樹脂（Impregnating resin）可能導致粒面過硬，另外如果樹脂量用得太多，塗飾革也將變成硬而且太僵硬。

當催化劑和聚酯交聯形成不溶於水或溶劑的聚氨酯樹脂後，其黏著性遠超過原來的聚酯，這種固化作用必需發生而且完全，所以最好用50～60℃乾燥，藉以促進溶劑的完全揮發。

雖然可使用水溶性的飽飾聚合分散劑及一般水溶性的溶劑代替上述「飽飾工藝」的化料，藉以避免使用碳氫溶劑及需要「固化」的工序，但是這種工藝很少能得到良好的抗磨損牢度。

有些以類似一般當作顏料黏合劑的聚合物分散液和以顆粒非常細，約0.1微米（μ）以下，且含約有15%丙烯酸或丙烯酸鹽類共聚的聚丙烯分散液為主，藉以改善滲透性和凝結（coagulation）的穩定性。如果非離子或陰離子分散劑的用量多，和緩衝鹽或氨水都可能會引起阻止凝結性的問題。

助滲劑（driver）或滲透劑（penetrator）都屬於對纖維具有瞬間濕潤作用，但傾向抑制纖維水解的水溶性有機溶劑，例如高級醇酮，使用時必需控制使用量，用量過多會引起凝結。有時也可能需要添加些界（表）面活性劑。當這些代替聚酯溶液和碳氫溶劑的飽飾溶液混合後，使用前必需做「滴沾（drop spot）」測試，正確的混合是必需於2～3秒內會被完全吸收，而且也會滲至粒面層和網狀層的交界處。

半張牛鞋面革（shoe side upper leather）

主要的是指修面革類。

先用砂紙磨去胚革表面的瑕疵，使革的表面有利於塗飾。這類型的塗飾通常都使用顏料漿塗飾法，基本上可能要有2～3次的底塗飾（base-coat）及1～2次的頂（上）塗飾（top- coat），但在塗飾前（底塗前）可能需要先執行使溶劑型的脲酯（氨酯）或樹脂乳液（通常是丙烯酸）滲入革內使粒面緊密的「飽飾工藝（impregnation）」。緊接著飽飾工藝就是使用揩漿法及噴漿法，或滾塗法的顏料漿底塗飾（視情況可添加染料水，藉以增加色調的光澤度，但建議第二次的底塗才添加，如果第一次的底塗是以遮蓋為目的的話），不過如果需要操作多次底塗飾的話，顏料漿的使用量須採漸減式，而且執行多次底塗飾之間，可能需要1～2次的熱壓，熱壓的目的是加強黏合劑或樹脂的熔化入纖維內及塗飾面的平滑，但是最後一次的底塗飾乾燥後一定要熱壓。底塗飾經熱壓後即可執行1～2次的頂塗飾，頂塗飾一般使用噴漿法，但亦可使用「同向（同步）滾筒塗飾機」的滾塗法，使用的化料視市場流行的趨勢，有溶劑型的清漆光油、光油乳液及水溶性的光油乳液。半張鞋面革的塗飾工藝基於塗飾成本的考慮，大多儘可能避免採用需要人力較多的打光工序（glazing）。

修面革（Corrected grain leather）塗飾

工藝參考處方：首先將胚革劃軟後用大約220～240號的砂紙磨去粒面，去塵。

飽飾工藝

250份	丙烯酸樹脂（顆粒需非常細緻，固含量40%）
50~100份	滲透劑（使樹脂能滲入而沉澱於粒面層和網狀層之間）
650~700份	水

使用揩漿法，淋漿法，重噴法或滾筒塗佈法，使用前需先用滴沾（drop spot）測試，最好約3～4秒即能滲入至粒面層和網狀層之間，可用溶劑滲透劑調整，但需一次完成，使用量約22～28公克／平方呎，工藝執行完後，疊皮（面覆面）過夜，藉以幫

助滲透，乾後熱壓平，或真空乾燥，再用320～380號的砂紙輕磨，去塵。

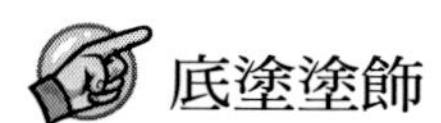

底塗塗飾

200份	顏料漿
50份	填料
400份	丙烯酸樹脂（可混合些蠟劑）
200份	聚氨酯樹脂
100份	水
*50份	增稠劑（藉以調整黏度，4號福特杯20～30秒）

揩漿，乾，熱壓，第二次揩漿，藉以改善第一次揩漿的均勻度，及避免爾後噴漿時會產生「淚痕」的現象，噴漿（可添加些助劑，例如酪素），交叉噴兩回，第一次噴可較重，但第二次則需要輕噴，如此才能達到顏料塗飾的粒面非常均勻。

【註】

添加「增稠劑」是為了使用滾筒塗飾機執行底塗塗飾。使用滾筒塗飾機，但是需滾塗2～3次，而且可能於2～3次之間需熱壓平一次，不過萬一發現有條紋或斑紋的現象，則需清潔供給塗飾漿的刮刀及調整黏度至35秒，或添加流平劑（leveling agent）。

如果採用溶劑型的中塗飾或頂塗飾，則顏料塗飾漿內不可添加為了預防黏板的蠟劑，因蠟劑會被溶劑抽出，導致中塗層，或頂塗層產生色花，成膜渾濁，不清晰。

如果塗飾屬單色或壓花紋的修面革則於顏料漿塗飾後，頂塗可使用光油乳液（也可添加染料）噴塗法完成，或採用含交聯劑或不含交聯劑的聚氨酯以滾筒塗飾法或噴塗法完成頂層塗飾。

操作過程前除了必需執行「滴沾」測驗外，最需注意的事項是化料混合的方法，如果顏料漿、蠟及酪素都呈稠漿狀得先行混合，攪拌，加水稀釋均勻後再添加聚合分散液。如果蠟乳液和酪素乳液呈液態，則先用水稀釋顏料漿，再依次添加蠟乳液和酪素乳液，混合攪拌均勻後再添加聚合分散液，總之，聚合分散液必需最後加入，因為如果聚合分散液先行添加入尚未稀釋的其他混合物，可能會凝結成黏性的物質。另外雖然己完全的混合成塗飾漿，但因擱置太久沒用也會發生沉澱的現象，或因溫度冷導致聚合分散液于盛塗飾漿容器的底部聚結成黏性的物質。為了避免揮發遺失的現象發生，必須密蓋盛塗飾漿的容器。

所舉例的工藝處方，有多次的揩漿或淋漿法是藉以遮蓋粒面的缺陷、促進和粒面的黏合，另外使用噴漿法遮蓋揩漿痕使塗飾面更均勻，而且藉以能形成最薄的膜，使最後達到最適宜的遮蓋及光澤的塗飾革。

塗飾工藝上如需要熱壓，則壓版前的塗飾層必需完全乾燥，否則熱壓後，塗飾面可能產生「斑駁效應（mottled effect）」亦即俗稱「水痕」，另外為了防止有「黏版（plate stick）」的現象，可添加蠟或較硬的樹脂或酪素、或有機硅樹脂乳液（silicone emulsion）。熱壓後如需再噴塗（水溶性），則熱壓後的塗飾膜必需仍然具有「可濕潤性（wettable）」以利黏合、接着。添加酪素於噴塗的塗飾漿內，則有利於熱壓後塗飾膜面上的流動性（flow-out），這是因為酪素屬不連續性膜（non-continue film）之故。

假如粒面實在太粗劣，執行熱壓時，使用「毛孔（hair cell）」花版壓花，爾後再用「平版」熱壓，但是如果塗飾層越亮，則粒面的缺陷處越明顯，可添加60～80份的消光劑於底塗漿內，或於硝化纖維乳液添加消光乳液。

如想要有飽滿的黑色塗飾效果，則儘量少用無機黑色顏料漿，多用些有機黑色顏料漿及苯胺染料，同時於黑色硝化纖維乳液添加些可溶於溶劑的黑色染料使用。

如果底塗前需執行「封層塗飾」，必需先使用曲折性佳，能耐製鞋各過程的操作及抗水性佳的膜。

重壓花版的塗飾（Heavy Embossed Finishes）

這種塗飾工藝對「飽飾」而言已經不具有任何意義，所以舉例的飽飾工藝處方可以去除不用，採用修面革底塗工藝200份的顏料漿，200份的聚合物分散液及600份的水混合，揩漿，乾，熱壓，再揩漿，第二次揩漿內添加些酪素，乾，噴漿，壓花，再使用硝化纖維乳液進行上光塗飾。

雙色效應（Two-tone effects）

將已壓花的塗飾革於頂層以噴霧式（mist spray）或斜角噴式（angle spray）噴上一層色彩較深的光油，即可達到雙色調的效應，反之，底塗色深，而頂塗使用頂梢著蠟法（wax tipping）

使顏色變淺，即所謂的仿古色彩效應（antigue effects）。尚有底塗色彩淡，壓花後，將較深的顏料漿約10%的溶液於壓花粒面上流動，待流入花紋的凹處，再將停留在凸面上的顏料，用布或海綿去掉，再用光油或硝化纖維乳液施以最後的上光塗飾。另外還有很多方法可以得到仿古色彩效應或雙色效應工藝，例如：不調和、不對稱的揩漿法，低壓噴塗法，不正確飄動的噴塗法，亦即高低不定的噴塗法等，造成色彩不均的工序皆可達到雙色或仿古的效應。

苯胺效應（Aniline Effect）

理論上對「苯胺效應」的定義：皮經苯胺染料染色成胚革後，僅經「打光（glazing）」或「拋光（polishing）」機械處理，稱「苯胺效應」，至今只有水染的手套革尚在使用這種方法「塗飾」。

「苯胺效應」的特性是強調使用「打光（glazing）」或「拋光（polishing）」的機械處理，讓革的粒面，即使有缺陷，也能很自然的呈現，沒有任何遮蓋的工藝，但因經過「打光」或「拋光」的處理，所以粒面的色調顯得較深。所有的「苯胺」，「仿苯胺（mock aniline）」，或「半苯胺（semi-aniline）」等效應的塗飾都是以粒面能達到「外觀很自然（nature look）」為目標。然而，鞣製時一起鞣製的皮量多，粒面的品質參差不齊，且粒面的缺陷可能也很多，常導致染色後的色差也很大，不利於鞋面或服裝的製造，因此都以能達到合理的勻染條件（色調較深些）及儘量不遮蓋，再以透明性的黏合劑塗飾當作「苯胺」、「仿苯胺」或「半苯胺」等效應為目標。例如舉例的修面革處方中底塗的顏料漿改用有機顏料漿代替，因有機顏料漿的不透明性及遮蓋性都很低，屬半透明性，頂層噴塗後，以色彩較深些的染料水（溶劑型）和高閃點溶劑稀釋的硝化纖維光油再執行一次頂層噴塗，即能當作「仿苯胺」或「半苯胺」革。

金色，銀色及珍珠般的效果（Gold, Sliver and Pearlized effects）

塗飾的工藝可仿舉例的處方，只是顏料漿的調色需使色調接近金色，或銀色，或珍珠本色，爾後光油頂塗時需含有已經分散處理過的金屬或珍珠粉。

擦拭效果（Rub off）

亦稱佛羅殷汀效應（Florentine effect）。

基本上，這類型的塗飾的工藝可仿易保養的塗飾的工藝，只是最後再以較深色的硝化纖維光油當作頂上噴塗飾，皮製品完成後，例如鞋、箱袋等，塗蠟擦到欲擦拭掉的部分，再用「長毛絨套輥（plush-wheel）」的拋磨作用去除塗蠟處較軟的硝化纖維光油膜，而露出較淺色的底塗，即所謂的「擦拭效果」。

裝潢傢俱革（沙發革等Upholstery Leathers）

革本身的柔軟性很軟，例如坐墊革（cushion）、沙發革，所以塗飾工藝的觀點是無論在化性和物性的要求及使用上和鞋面革完全不同。物性的條件基本上除了磨擦牢度，色光牢度，光澤性或非光澤性及曲折性的持久性，並且能耐高低溫的變化，不會因溫度高就會發黏而溫度低就會產生龜裂現象及易清潔性外尚需符合客戶其他特性的要求。

塗飾時有些胚革需先以聚合分散液執行封層的底塗（bottom sealing coat），乾，再施以顏料塗飾或有色彩的硝化纖維光油塗飾，乾，熱壓平，或壓花版。工藝執行中要非常小心，否則常會使成膜於暴露於日光下變黃，或因增塑劑的遷移（migration）而變脆弱，易損壞。假如使用聚氨酯（Polyurethan）塗飾，則明顯的具有許多比聚丙烯酯類的優點和益處。

工藝舉例的處方

一、飽飾塗飾

50份	顏料漿
800份	水
100份	聚合丙烯酸分散液
50份	溶劑型滲透劑

重噴，噴量總約20公克／平方呎。

二、底塗飾

150份	顏料漿
25份	蠟乳液
570份	水
250份	聚合丙烯酸分散液
	噴，乾，熱壓（75～80℃，150公斤／平方公分），噴，乾，摔軟或搓紋（Boarding）。噴量總約10公克／平方呎。

三、頂塗飾

200份	氨基甲酸乙酯（urethane）光油
600份	氨基甲酸乙酯光油的稀釋劑
100份	溶劑型染料
100份	氨基甲酸乙酯硬化劑
	噴。噴量總約20公克／平方呎。

簡式的手套革塗飾法 (A simple finishing on Glove leather)

「水染」或「直染」手套革最佳的品質就是僅將染色的胚革剷軟，噴撒滑石粉後即用「長毛絨套輥（Polish-wheel）」拋光即可。但是對胚革品質等級比較低者可能需要顏料漿的塗飾才能使粒面呈現出色澤均勻而且有一致性。為了使低等級的顏料塗飾能達到外觀美好，手感悅人及具有必要的曲折性，所以塗飾膜要儘量的薄。

濕工序的染色工藝不只要能均勻，且色調要儘量接近所要求的色相，並且耐汗性及濕磨牢度要佳，因顏料塗飾僅能當作修正及改善染色後色調不均勻或離要求差不多色調的工藝。將刴軟後的胚革，框架拉平，使用下列舉例的化料混合液後進行噴塗：

工藝的舉例：

1份　有機顏料漿
2份　軟性的聚丙烯酸分散液
4份　水
　　噴，噴量約10公克／平方呎，乾，刴軟或輕摔軟。

塗飾時最重要的事是不能發黏，可添加蠟乳液，但會降低濕磨擦牢度，或將陽離子蠟乳液當作頂塗噴塗，濕磨擦牢度較佳，手感光滑柔物，或噴撒滑石粉，或將硝化纖維乳液當頂塗噴塗，如此可增如手感性及濕牢度。

「濕式塗飾法（Wet finishing）」這是另一種方法能改進染色的勻染性，雖然使用了少量不透明的顏料漿，但仍可得到「不塗飾的水染效果（no-finish drum dyed effect）」。1份的顏料漿，可使用無機顏料漿但色澤不鮮艷，1.5份的聚丙烯酸分散液及3份的水混合後，用揩漿法塗上已染色的濕革，隔夜，伸張（setting out），吊乾，回濕，刴軟或摔軟，綳皮，塗飾依水染革的方式操作。這是利用將塗飾漿使用於皮後，膜無法立即成形，聚合物滯留於粒面層內，乾後，粒面上察覺不出有膜的存在，另外顏料的存在已能改善染料的日光堅牢度。

服裝革的塗飾（Finishing for Clothing Leather）

一般上這類塗飾的要求是乾、濕磨擦牢度要好，耐曲折性要佳及有悅人的手感。最好是使用有機顏料，藉以維特色彩的光亮和鮮明。使用聚氨酯樹脂時最好混合些顆粒細小的丙烯酸樹脂，如此則能增加黏合力，尤其是濕工段時已經過抗水處理的皮胚，而且也能給予填充及遮蓋「針眼（pinholes）」等效能。採用多次交叉輕噴塗，不要使用重噴塗，因為可能導致粒面的膨脹，進而破壞粒面的平滑性，及外觀的一致性。頂塗飾以光油乳液，如果需要時可添加些手感劑，交叉輕噴二次，或採用水性頂塗法。

基於這些條件的要求，塗飾時就必須考慮到底塗層要有很好的滯留性，即和粒面的接著性及成膜性要佳，當然用揩漿法可達到此目的，但是軟革如果使用噴塗法，則是很難達到，不過如果用少量的顏料漿而以溶劑型的滲透劑代替也有可能獲得和揩漿法類似的效果，舉例如下：

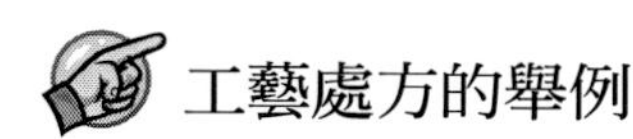

工藝處方的舉例

一、預底塗

80份	顏料漿
720份	水
150份	聚合分散液
50份	溶劑滲透劑
	交叉噴2次以上，噴量共約10公克／平方呎，乾。

二、底塗

150份　顏料漿
30份　蠟乳液
570份　水
250份　聚合分散液
　　　噴，噴量約6公克／平方呎，乾，現情況決定再噴否？

三、頂塗

500份　水
500份　硝化纖維乳液
　　　噴，乾，燙壓或滾燙壓，乾摔軟，或搓紋，或剷軟，或震軟。

熱壓燙平或滾壓燙平時，溫度要適中，壓力要低才能維持皮胚的軟度及防止粒面被壓縮。重要的是塗飾前必須確認皮胚的軟度已夠，而且不具伸縮性，否則塗飾後，乾摔軟的時間長，往往會造成鬆面及外觀較差的結果。

如果添加染料於硝化纖維乳液，再執行頂層噴塗，即可得到半苯胺（semi-aniline）革的效果。當然頂塗也可使用膜很柔軟及耐用性很高的聚氨酯光油或乳液代替，但噴塗時不能太重，需輕噴，使成膜儘量薄，否則將形成不像皮而且也沒有皮感的革。但是如果混合些已塑化的硝化纖維使用，即能改善。頂塗也能使用反應性的聚丙烯酸酯或固含量高且成膜性佳的聚合物分散液代替，藉以改善濕磨擦牢度及修正手感。

剖層革（榔皮Splits）的塗飾

剖層革（榔皮）表面的纖維組織屬張開性及長短不均，所以事先需經磨皮工序使表面的纖維短而一致，去除磨皮粉，必要時則先進行飽飾工藝，藉以促進纖維的緊實性，爾後壓平、再磨皮（砂紙較細）、去皮粉，才開始正式的塗飾工藝，至此所進行的工藝和工序有如修面革（corrected grain或buffed leather）塗飾前的飽飾工藝。塗飾工藝的觀念是如何在表面形成一層彷如粒面層的膜，俗稱合成的粒面（synthetic grain）。所以底塗的工藝不僅需要有2～3次的塗飾使成膜厚，而且黏合性及曲折性要佳，更要有很好的填充性（如果事先沒有經過飽飾工藝處理的話），為了使生產快及達到目的，所以一般都使用滾筒塗飾機執行剖層革（榔皮）的塗飾工藝。

剖層革（榔皮）的塗飾有二種塗飾法：

1. 猶如粒面革的塗飾，使膜結合在表面，形成似粒面的膜。
2. 貼膜法（Lamination）。

將已染色，加脂，固色後的濕榔皮，出鼓，真空乾燥，使皮的結構較緊密而平坦，吊乾，回濕，震軟，磨皮（砂紙220號及400號），去塵後即成剖層革（榔皮）的皮胚。

一、塗飾法

為了使剖層革（榔皮）經塗飾後在表面上有一層似粒面層的膜，所以使用重揩漿封層法將揩漿封層所形成的膜當作粒面膜。揩漿的工藝處方如下：

300份	顏料漿
70份	蠟乳液
130份	水
500份	聚丙烯酸分散液

揩漿的用量約12～20公克／平方呎。揩漿內如能添加性丙烯酸的氨鹽，藉以增加揩漿的黏稠度而改善揩漿的平坦性。乾，熱壓版（65℃／160kg／平方公分），固定膜的結合，再揩漿一次，或噴漿，使表面度更趨於均勻而平坦，熱壓版，或壓粒孔紋，或壓其他紋路，頂塗可使用清澈的，或有色的硝化纖維光油或乳液，當然亦可使用聚氨酯光油，假如不惜成本貴的話！

二、貼膜法

亦可使用於粒面較差的粒面革。

將已在離心紙或移膜紙（transfer paper）上預先形成塑性料的薄膜貼覆蓋在塗有接著層，例如軟性的聚丙烯酸樹脂的革面上，熱壓後，剝離移膜紙使原紙上的膜移轉至革面上稱貼膜法。爾後可用硝化纖維或氨基甲酸乙酯（urethane）光油當作頂塗層噴，藉以保膜，接著也可熱壓燙平，或搓紋，或壓各種紋案。但是移膜後如果由革內吐出酸，則會造成膜晦暗無光澤的問題，尤其是銅色或經由鋁的電鍍染料（anodisd dyes）所呈現的金色。目前市場上有供應各種不同圖案的移膜紙，例如格子花紋，各種不同爬蟲類的紋路等等，當然我們也能使用各種壓花版將這些圖案加以改善。

使用移膜法最主要的問題在於「修邊（trim）」，因皮的形狀屬不規則形，移膜後需經「修邊」的工序才能呈現出皮的「原形」，但是一般經「修邊」後，大約會損耗至少20%，無形中增加了處理的成本。

貼膜法是一種相當普遍使用於剖層革（榔皮）的塗飾法，但轉印膜屬多孔性的結構而且較厚，約0.5～1.0毫米（mm）。使用滾筒塗飾機將水溶性的膠黏劑滾在剖層革（榔皮）欲貼膜的表面上，乾燥，經滾筒熱燙壓機將整捲的轉印紙連續地將膜輾轉至剖層革（榔皮）表面上，轉印紙則因設備的關係也會自動的分離，修剪，量皮後即可發貨，當然修剪後亦能噴無色光油，或有色光油，藉以達到半苯胺或擦拭的效果。

小牛皮（calf）／小山羊皮（kid）

這兩種皮的塗飾都是以加強美化天然的粒面為目的，所以工藝上儘量不使用顏料漿，如需著色的話也都以染料水為主，亦即所謂「苯胺革塗飾（aniline finishing）」，但也有可能添加少許的顏料漿，不過即使添加顏料漿，也是大多以添加有機顏料漿為主，而添加無機顏料漿者較少，如此的工藝稱為「半苯胺革塗飾（semi-aniline）」。為了增加革的價值，塗飾工藝都以酪素為主，再施以「打光」、「滾燙」、「熱壓平」等機械操作，而且有時可能需要重複操作，接著頂塗則以蠟或其他手感劑為主，最後才能得到粒面的外觀自然，色調艷麗，價值性高的塗飾革。

精緻革（fancy leather）

通常精緻革的鞣製多以植物（栲膠）單寧為主，即使是藍濕皮的再鞣也施以重鞣的方式，使成革具有栲膠革的特性，所以塗飾工藝多以打光工序為目標而操作。精緻革中價格最昂貴的爬蟲類必需以植物（栲膠）單寧或合成單寧（蛇類）或兩者混合鞣製，而且塗飾時最好使用打光的塗飾工藝，如此才能顯現出成革的價值感，如果僅是執行一般的塗飾工藝，最後施以熱壓光或滾燙光，則會完全失去革的價值感。

防水革(water-proof leather)

因為胚革已於水場工序經過防水處理，故皮身已不再有濕潤的效果，亦即水溶性的塗飾不可能和皮身有良好的滲入及接着，而溶劑性的塗飾則會破壞皮身原來的防水效果。基於此，防水革的塗飾，首先要考慮的是如何使防水革和塗飾層具有良好的接著性？那就是使防水革面上形成一層能和塗飾工藝底塗層接著的接著層。

接著層是使用微粒狀且滲透性佳的聚丙烯樹脂乳液或分散液，或不成膜的聚氨酯樹脂配合些溶劑型水溶性的滲透劑，例如異丙醇（IPA），以揩、噴、滾漿的方式塗佈於防水革面上，但需自然乾燥，如此才能使接著的樹脂滲入革面，待革面乾燥後，不能熱壓，直接施予含有交聯劑的底塗飾，因交聯劑經約24小時固化（curing）後會使底塗層形成防水的封層，故底塗層乾後需馬上操作中層或上層的塗飾，否則會影響和底塗層的黏著性。塗飾漿內的樹脂（黏著劑）需慎選和水接觸不會產生膨脹的樹脂。

頂塗飾可採取和前述防水革一樣的處理。

【註】

用水滴到樹脂膜上，如發白即樹脂膜產生膨脹，意謂著抗水性差。

已塗飾革的改色，亦可使用先施予「接著層」於已塗飾革的革面上，自然乾燥後再重新塗飾，最後不會有塗飾膜太厚的手感。

油蠟革（oily wax leather）

油蠟革大多以溶劑型的油或蠟直接塗佈於胚革上，因無任何覆蓋性的塗飾層，所以胚革上的傷痕會特別顯著，尤其中，淺色調的革。對於傷痕較淺的革面，本人認為可先輕磨，噴水（輕噴，水不要滲入纖維層），自然乾至80%左右，低溫（80℃）/低壓（120kg），壓細粒紋，3秒，再使用噴塗法，最好是滾塗法，施予油蠟的處理，應可改進淺傷痕，讀者不妨試試，但傷痕較深的革面，則很難修正，除重磨外，故油蠟處理前應先將胚革分類。

油蠟革如果以油為輔，而蠟為主者稱為瘋馬革（crazy horse），反之，以油為主，蠟為輔者稱為油革（oily leather），油革大多屬於變色革（pull-up leather），油牛巴哥（oily nubuck）不能使用蠟，否則會失去絨感。一般油蠟革，除了油牛巴哥外，最後皆需經熱壓平或熱滾壓處理。

油大多來自植物油，例如蓖麻油（castor oil）、菜油（rape oil）、豆油（soya oil）、橄欖油（olive oil）、棕櫚油（palm oil）、棕櫚仁油（palm kernel oil）、亞麻子油（linseed oil）、椰子油（coconut oil 特性似牛蹄油，適用於白皮）及動物油，例如生牛蹄油（raw neat's foot oil）、十八碳（烷）酸（硬脂酸 stearic acid）、硬脂精（三硬脂酸甘油脂 stearine）和礦物油（mineraloil）及石蠟油（paraffin oil）。礦物油及十八碳酸變色程度較深。油可使用噴塗法，淋漿法或滾塗法塗佈於革面上，但礦物油最好使用熱滾式。

蠟則大多來自褐煤蠟（montan wax，特性似石蠟，熔點M.P.76~84℃）、地蠟（ceresine wax類似蜂蠟，熔點M.P.60~85℃）、石蠟（白蠟paraffin wax熔點M.P.35~58℃）、巴西棕櫚蠟（carnauba wax熔點M.P.78~81℃，特性是不留碰觸的手痕、灰塵及髒物不易沾著）、小燭樹蠟（candelilla熔點M.P.68 類似巴西棕櫚蠟，但熔點較低）及蜂蠟（bee wax熔點M.P.60~63℃）。操作蠟時需先預熱溶化，再用熱滾塗法塗飾於革面上。熔點越高，蠟越硬，變色效果較強，不易回復。軟蠟也有變色效果，但容易回復。硬蠟可添加具有增塑效果的油脂劑，藉以軟化硬蠟，降低熔點，增加油感。

經油蠟處理過的革可噴一層「接著層」，再施予無色調的塗飾工藝，藉以保護或糾正手感，尤其是使用水溶性的油蠟革必需執行這一道工藝。

【註】

擦傷痕跡不很深的粒面革，亦可使用輕磨，噴水，輕壓細粒紋法修正。

第13章

塗飾工藝的展望
（The prospect of finishing）

皮經鞣製成革，俗稱胚革或皮胚（crust），除了反絨革外都需要經過塗飾的工序，才能成為具有商業價值和適用於各種用途的革。塗飾工序不僅需要改善鞣製後有缺陷的革，例如鬆面（loose grain），或遮蓋粒面的瑕疵，而且經由塗飾工藝更能達到客戶所要求的各種物性、抗化性及使革面具有漂亮和自然的感覺和手感，否則在市場上無法和人造革（synthetic leather）對抗，所以從事塗飾工藝的工程師可以說是一位整形師，也是一位美容、化妝師。

皮革的塗飾工藝是藝術和科技的結合，藝術是指塗飾革不僅要外觀好看，且必需具有悅人的吸引力。科技是指適當的設備和適當的化料選擇，藉以符合某些物性的要求，例如耐曲折、耐磨擦等等，所以如果能在基本上了解各種化料、助劑的使用，配合各種設備，再添加藝術的眼光、感覺和手藝，便能得到亮麗且具有某些特性的塗飾革。因此塗飾工藝可以說是製革工序中最複雜及最不容易說明的工序。許多有關皮革方面的書籍（外文）常着重於準備工序，鞣製、染色和加脂等工藝，往往忽略或只簡述塗飾方面的技術和建議工藝的思考及構想，這是因為大多數的鞣皮工程師都認為塗飾工藝是一種藝術勝於技術（物理和化學）的工藝。

塗飾工藝是隨著時代的改變，流行的趨勢一直在改進一直在演變，不進則退，故必須時常注意皮革市場的訊息和研發新的風格。吾人可從一般在生活上所見、所聞、所需，及多觀摩各種展覽，例如皮展、革製品展、美術展、畫展、雕刻展等等，再配合自己的藝術觀一起融合於塗飾工藝內，將有助於提昇及研發出新風格或新穎的塗飾革。

附錄一

移除皮纖維上的污染〔反絨革及正絨面革（牛巴哥）〕

處理污染的皮必需品質好，無論在染色或塗飾方面必需達到「耐乾洗」的程度，否則一旦失敗，則會損害名譽，另外價格低，品質較差的皮革，最好也不要處理，因當初在處理皮時，都未能達到所需要的各種「堅牢度」。

處理的方法是由污染處的邊緣向中心方向處理。反絨革或正絨面革（牛巴哥）是以白棉布沾濕「處理劑」，由邊緣向中心方向輕輕的拍打污染。以室溫的空氣自然乾燥，再用磨擦起毛，刷毛進行從處理。

污染的來源分為六大類：

1.輕油脂類

大多屬於植物油或動物油，例如牛油，人造黃油，烹飪油或脂。

2.類似重油類

大多屬礦物油，例如：機油，齒輪的潤滑油，汽油（轎車）。

3.含香精油的有色油脂或蠟

例如：紅蠟燭，唇膏，指甲油，香水，鋼筆，原子筆。

4.已溶化的物質

例如：咖啡，可可亞，可口可樂，麥芽啤酒，果汁，紅酒。

5.含蛋白和澱粉的物質

例如：蛋黃，蛋白，牛奶，優酪乳，肉汁，咖哩汁。

6.難處理的污染物

例如：菠菜，蕃茄，鐵鏽，合成樹脂，乳化劑，乳膠漆。

處理污染物的化料或稱「移除劑」：

1.有機溶劑

例如赫斯特（德國）的「Solvent E-33」，主要是由低沸點的酯混合25%濃度的甲醇。

2.一般的化料

例如酸類，鹼類和各種化料的鹽類，這類的鹽類大多使用5%濃度的溶液，但是亞硫酸氫鈉只需用0.5%濃度的溶液，大蘇打為2.5～3.0%，雙氧水為3.0%。

3.使用於皮革廠的化料

例如「Laviron conc粉末」（德國漢克的產品）將磺酸化的脂肪醇溶解於微溫的水成漿狀使用。「Feliderm K」（德國赫斯特的產品）濃度為10%溶液的氨基磺酸銨鹽。「Coriagen N」（德國賓克奇瑟的產品）聚合的磷酸物和複合鹽所形成5%濃度的溶液。「Koreon White BF」（德國羅門的產品）中和劑，5%濃度的溶液。

4.清潔助劑

先用56克氫氫化鉀和100毫升的水攪拌混合，爾後一邊攪拌一邊加入使340克油酸和400毫升重汽油及100毫升三級丁醇（即油酸鉀皂）事先混合好的溶液。使用時可單獨使用，或1：1甚至1：2混合環已醇使用。

以下舉例清除污染，如用一項化料以上的例子，這是因污染的程度不一，故需事先測試，才能知那一項最適合。

原子筆的油墨

1. 酒精
2. Laviron conc粉末用汽油或酒精稀釋
3. Feliderm K
4. Koreon White BF
5. 清潔助劑——1：1混合環已醇

天然樹脂

1.酒精
2.醋酸戊酯（俗稱香蕉水）
3.醋酸乙酯
4.Solvent E-33

可口可樂

1. 普通的鹽溶解於37℃的溫水
2. 醋酸鈉
3. 大蘇打
4. 雙氧水
5. Coriagen N
6. Feliderm K

紅酒

1. Laviron conc 粉末／醋酸戊酯（俗稱香蕉水）
2. 普通的鹽／酒精
3. 醋酸鈉（也可能是亞硫酸鈉）／酒精
4. 大蘇打／醋酸戊酯（俗稱香蕉水）
5. 雙氧水
6. Feliderm K／大蘇打／香蕉水
7. Koreon White BF

烹飪油

1. 醋酸戊酯（俗稱香蕉水）
2. 醋酸乙酯

亮漆或乳漆

1. 醋酸戊酯（俗稱香蕉水）

菠菜

1. 氯仿（三氯甲烷）／醋酸鈉／普通鹽
2. 檸檬酸／普通鹽
3. 醋酸鈉／酒精
4. 大蘇打／亞硫酸氫鈉／檸檬酸
5. Feliderm K／醋酸鈉／酒精

鋼筆的墨水

1. 碳酸鈉／醋酸
2. Coriagen N
3. Koreon White BF

唇膏

1. 氯仿（三氯甲烷）
2. 丙酮
3. 醋酸戊酯（俗稱香蕉水）
4. 醋酸乙酯
5. Solvent E-33

果汁

1. Laviron conc粉末／酒精
2.草酸
3.普通的鹽溶解於37℃的溫水
4.醋酸鈉
5.亞硫酸氫鈉／醋酸戊酯（俗稱香蕉水）
6.大蘇打
7.雙氧水
8.Coriagen N／蟻酸

血跡

1. Laviron conc粉末／氨／氯仿（三氯甲烷）
2. 氨／氯仿（三氯甲烷）
3. 普通的鹽溶解於37℃的溫水
4. Feliderm K／可能需用丙酮溶解後才能使用

指甲亮漆

1. 丙酮
2. 醋酸戊酯（俗稱香蕉水）
3. 醋酸乙酯
4. Solvent E-33

咖啡

1. 普通的鹽溶解於37℃的溫水
2. 醋酸鈉
3. 蟻酸鈉
4. 大蘇打
5. 雙氧水

油漆

1. 先用氨，再用氯仿（三氯甲烷）
2. 醋酸戊酯（俗稱香蕉水）
3. 氨／氯仿（三氯甲烷）／香蕉水

蛋（蛋黃及蛋白）

1. 氨（事先需去除污物）
2. 普通的鹽溶解於37℃的溫水

3. Feliderm K／汽油

肉汁

1. 普通的鹽溶解於37℃的溫水
2. Feliderm K（事先需去除污物）

新鮮的水果

1. 醋酸鈉
2. 雙氧水
3. Coriagen N／蟻酸
4. Feliderm K／草酸
5. Koreon White BF／蟻酸

鐵鏽

1. 亞硫酸氫鈉
2. 蟻酸鈉
3. 草酸鈉
4. Feliderm K
5. Koreon White BF

乳膠漆

1. 醋酸戊酯（俗稱香蕉水）

優酪乳

和牛乳污染的處理一樣

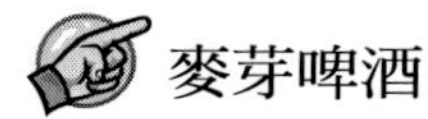

麥芽啤酒

1. 普通的鹽溶解於37℃的溫水
2. 醋酸鈉
3. 蟻酸鈉

蕃茄

1. 普通的鹽
2. 醋酸鈉
3. 大蘇打

牛乳

1. 普通的鹽溶解於溫水（事先需去除污物）
2. Feliderm K（事先需去除污物）

附錄二

移除粒面革上的污染

粒面革和反絨革或「牛巴哥」因為表面的特性截然不同，所以處理污染的化料必需慎選，不能破壞粒面上的塗飾層。有機溶劑易於損壞塗飾層，例如常導致可塑劑和油脂劑的昇華，即揮發，最後革性和外觀都會變化。因而處理前如能知曉，要處理污染皮的革面塗飾法是最有幫助處理污染的途徑。

粒面革和反絨革或「牛巴哥」的污染移除法及污染物的分類，大多數一樣。

血跡

1. 37℃的溫水，假如血跡是剛沾上。
2. 普通的鹽溶解於37℃的溫水，再用水輕輕的拍打。如有所需，先用汽油清潔污物。
3. Laviron conc粉末／氨／氯仿（三氯甲烷）。
4. Feliderm K／可能需用汽油或環己酮稀釋。

可口可樂

1. 37℃的溫水。
2. 普通的鹽溶解於37℃的溫水，再用水輕輕的拍打。

3. 雙氧水PH 8.0，再用蒸餾水輕輕的拍打。
4. 醋酸鈉／蒸餾水。
5. 大蘇打／蒸餾水。
6. Coriagen N／蒸餾水。
7. Feliderm K／蒸餾水。

蛋黃和蛋白

1. 普通的鹽溶解於37℃的溫水／蒸餾水，再用汽油輕輕的拍打。如有所需，先用汽油清潔污物。
2. 單獨使用汽油處理。
3. Feliderm K／汽油。

果汁

1. 37℃的溫蒸餾水。
2. 普通的鹽溶解於37℃的溫水／蒸餾水。
3. 雙氧水PH 8.0／蒸餾水。
4. Coriagen N／蒸餾水。
5. Feliderm K／蒸餾水。
6. 亞硫酸氫鈉／蒸餾水。

鋼筆水

由粒面革移除鋼筆水比從反絨革要困難多，雖然下列所的移除劑已經在各種粒面革證明效果不錯，但仍然不能完全移除，僅具有褪色，或使色變淺，變淡的效果。事後在有機溶劑裡添加些柔軟劑，有利於補助污染處於移除污染物後的塗飾損失，但不適用於苯胺革，因苯胺革於污染物被移除後的污染處，風乾後，會形成色澤較深的暈圈狀，有点類似油斑，不易移除。

1. Coriagen N／蒸餾水／蟻酸／蒸餾水。
2. 雙氧水PH 8.0／酒精／蒸餾水。
3. 雙氧水PH 8.0／Coriagen N／蒸餾水。
4. 甘油（丙三醇）／蒸餾水／Coriagen N／蒸餾水。
5. 甘油（丙三醇）／酒精／Coriagen N／蒸餾水。

咖啡

1.37℃的溫蒸餾水。
2.普通的鹽溶解於37℃的溫水，再用水輕輕的拍打。
3.雙氧水PH 8.0／蒸餾水。
4.醋酸鈉／蒸餾水。
5.大蘇打／蒸餾水。

原子筆

1.清潔助劑以1：1或1：2和環己酮混合，再用汽油，或丁醇，或丙酮輕輕的拍打。
2.環己酮／再用汽油，或甲醇，或清潔助劑和環己酮二者的混合液輕輕的拍打。
3. 清潔助劑以1：1和丁醇混合後，再用環己酮，或丁醇輕輕的拍打。

4. 酞酸苯丁酯，如有所需可配合酞酸二丁酯，再用汽油短暫的輕拍。
5. 甘油／酒精／Feliderm K／蒸餾水。
6. 清潔助劑／汽油／Coriagen N／蒸餾水。

可可亞

1. 汽油。
2. 環己酮。
3. 清潔助劑以1：1和環己酮混合。

假如移除，自然風乾後，仍能看到污染痕，則用溫鹽水加以摩擦，再用蒸餾水輕輕的拍打。

唇膏

1. 汽油，如有所需，則可用清潔助劑和環己酮的混合液加以輕輕的拍打。
2. 清潔助劑以1：1或1：2和環己酮混合，如有所需，則可用汽油輕拍。
3. 單獨使用環己酮。
4. 醚和酒精以1：2混合。
5. 篦麻油，以甲醇輕輕的拍打。
6. 甘油，以甲醇輕輕的拍打。

牛乳和優酪乳

1. 普通的鹽溶解於37℃的溫水／蒸餾水／汽油。如有所需，先用汽油清潔污物。
2. Feliderm K。

指甲亮漆

1. 醚和酒精以1：1或1：2混合。如有所需，先用酒精處理，使污染物產生膨脹。
2. 二氯甲烷和醋酸丁酯以35：15混合。
3. 單獨使用醋酸丁酯，有時醋酸乙酯或香蕉水也有效。

烹飪油

由於樹脂化的作用，所以污染較久的油比剛污染的油難去除。

1. 汽油。
2. 環己酮，如有需要的話，可沾汽油輕輕的拍打。
3. 二氯甲烷和醋酸丁酯以35：15混合。
4. 清潔助劑和環己酮以1：2混合，如有需要的話，可沾汽油輕輕的拍打。

紅酒

1. 37℃的溫蒸餾水。

2.普通的鹽溶解於37℃的溫水／蒸餾水。

3.雙氧水PH 8.0／蒸餾水。

4.亞硫酸氫鈉／蒸餾水。

5.Coriagen N／蒸餾水。

6.Feliderm K／大蘇打／蒸餾水。

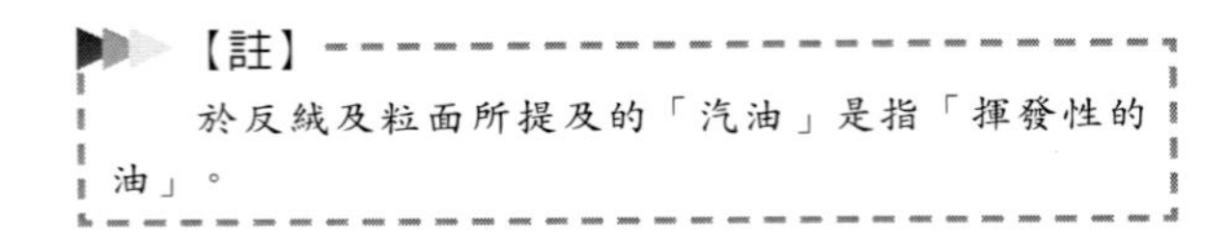

【註】

於反絨及粒面所提及的「汽油」是指「揮發性的油」。

因為污染物及皮制品的種類繁多，所提供的方法可能不適用，或則可能只有部份適用，在這種情況下，必須嚴格地檢驗污染物為何物？被污染的皮是那類型的皮？然後再處理，藉以避免皮遭到更嚴重的損害。

參考文獻

英國	“JSLTC Journal of the Society of Leather Technologists and Chemist” (1976~2001)
美國	“The Leather Manufacturer 1993~2004”
	“The Joural of the American Leather Chemists Association”
Sandoz (Swissland) Ltd.	“Month/Trimonth Internal technical information” (1976~1994)
BASF	“Pocket Book for the Leather Technologist”
Mr.M.K.Leafe	“Leather Technologista Pocket Book”
Mr.T.C.Thorstensen	“Practical Leather Technology”
Mr.J.H.Sharphouse	“Leather Technician’s Handbook”
Nene College Northampton	“Leather Finishing”

科普新知類　PB0005

皮革塗飾工藝學

作　　者／林河洲
責任編輯／蔡曉雯
校　　對／林孝星、賴哲明
圖文排版／鄭維心
封面設計／蕭玉蘋

發 行 人／宋政坤
法律顧問／毛國樑　律師
出版發行／秀威資訊科技股份有限公司
114台北市內湖區瑞光路76巷65號1樓
電話：+886-2-2657-9211　傳真：+886-2-2657-9106
http://www.showwe.com.tw
劃撥帳號／19563868　戶名：秀威資訊科技股份有限公司
讀者服務信箱：service@showwe.com.tw
展售門市／國家書店（松江門市）
104台北市中山區松江路209號1樓
電話：+886-2-2518-0207　傳真：+886-2-2518-0778
網路訂購／秀威網路書店：http://www.bodbooks.tw
國家網路書店：http://www.govbooks.com.tw

2008年12月BOD一版
2010年08月BOD二版
定價：240元

國家圖書館出版品預行編目

皮革塗飾工藝學 / 林河洲作. -- 一版.
-- 臺北市：秀威資訊科技, 2008. 12
面； 公分. -- (科普新知類；PB0005)
BOD版
參考書目 : 面
ISBN 978-986-221-128-1(平裝)

1.皮革工業

475 97023124

讀者回函卡

感謝您購買本書，為提升服務品質，請填妥以下資料，將讀者回函卡直接寄回或傳真本公司，收到您的寶貴意見後，我們會收藏記錄及檢討，謝謝！

如您需要了解本公司最新出版書目、購書優惠或企劃活動，歡迎您上網查詢或下載相關資料：http:// www.showwe.com.tw

您購買的書名：________________________________

出生日期：________年________月________日

學歷：□高中（含）以下　□大專　□研究所（含）以上

職業：□製造業　□金融業　□資訊業　□軍警　□傳播業　□自由業

□服務業　□公務員　□教職　□學生　□家管　□其它_____

購書地點：□網路書店　□實體書店　□書展　□郵購　□贈閱　□其他

您從何得知本書的消息？

□網路書店　□實體書店　□網路搜尋　□電子報　□書訊　□雜誌

□傳播媒體　□親友推薦　□網站推薦　□部落格　□其他__________

您對本書的評價：（請填代號　1.非常滿意　2.滿意　3.尚可　4.再改進）

封面設計____　版面編排____　內容____　文／譯筆____　價格____

讀完書後您覺得：

□很有收穫　□有收穫　□收穫不多　□沒收穫

對我們的建議：________________________________

____

____

____

請貼
郵票

11466
台北市內湖區瑞光路 76 巷 65 號 1 樓
秀威資訊科技股份有限公司 收
BOD 數位出版事業部

....

（請沿線對折寄回，謝謝！）

姓　　名：________________ 年齡：________ 性別：□女　□男

郵遞區號：□□□□□

地　　址：____

聯絡電話：(日) ________________ (夜) ________________

E-mail：____